地质工程专业
创新性试验教材

刘 瑾 梅 红 车文越
宋泽卓 龚友平 / 著

DIZHI GONGCHENG

ZHUANYE

CHUANGXINXING

SHIYAN JIAOCAI

河海大学出版社
HOHAI UNIVERSITY PRESS
·南京·

图书在版编目(CIP)数据

地质工程专业创新性试验教材 / 刘瑾等著. -- 南京：
河海大学出版社，2023.11
ISBN 978-7-5630-8485-2

Ⅰ. ①地… Ⅱ. ①刘… Ⅲ. ①工程地质—实验—教材
Ⅳ. ①P642—33

中国国家版本馆 CIP 数据核字(2023)第 196955 号

书　　名	地质工程专业创新性试验教材	
	DIZHI GONGCHENG ZHUANYE CHUANGXINXING SHIYAN JIAOCAI	
书　　号	ISBN 978-7-5630-8485-2	
责任编辑	吴　森	
特约校对	赵启书	
装帧设计	槿容轩	
出版发行	河海大学出版社	
地　　址	南京市西康路 1 号(邮编:210098)	
网　　址	http://www.hhup.com	
电　　话	(025)83737852(总编室)　　(025)83787763(编辑室)	
	(025)83722833(营销部)	
经　　销	江苏省新华发行集团有限公司	
排　　版	南京布克文化发展有限公司	
印　　刷	苏州市古得堡数码印刷有限公司	
开　　本	787 毫米×1092 毫米　1/16	
印　　张	8.375	
字　　数	134 千字	
版　　次	2023 年 11 月第 1 版	
印　　次	2023 年 11 月第 1 次印刷	
定　　价	98.00 元	

前言
Preface

　　地质工程是一门涉及地质学、工程地质学、土力学、岩土工程等多学科交叉的专业,旨在研究和解决各类工程建设有关的工程地质问题。地质工程专业人才在资源勘察、工程勘察、设计施工、管理等领域方面发挥着日益重要的作用。地质工程作为一门实践性专业,注重理论知识与实际应用的融合。试验教材作为理论与实践之间的桥梁,将抽象的理论知识转化为具体的实践技能,培养学生创新思维和自主解决问题的能力,从而提升学生在地质工程实践中的竞争力。

　　教材的编写源自于对传统地质工程教育的深刻思考,旨在为地质工程专业的学生提供一套全面系统的实践性学习资料。试验教材注重实际应用,鼓励学生自主思考、设计方案和具体操作,提高了学生的实际操作技能和解决复杂实际问题的能力。创新性试验教材融入多学科创新知识体系,提升学生的创新思维、创新意识和创新能力。

　　本教材采用分章节、分模块的设计,具体包括试验目的、试验原理、试验材料与仪器、试验步骤、试验数据记录、试验结果与分析案例、思考题、视频资料和参考文献等模块。每个试验贴近真实工程场景,学生可在受控环境中进行实际操作,掌握地质工程的实践技能。教材结构注重适应不同的教学场景,满足线上线下教学需求,可作为大学生试验课程和创新创业课程的参考教材。

本书由刘瑾、梅红、车文越、宋泽卓和龚友平撰写,各章节分工为:第 1、3、6 章,刘瑾、王梓、李明阳撰写;第 2、7 章,梅红、张晨阳、陆一品撰写;第 4、5 章,车文越、郑家强撰写;第 8、9 章,宋泽卓、黄庭伟撰写;第 10 章,龚友平、魏世杰撰写。

　　由于作者水平有限,书中难免存在不妥之处,敬请读者批评指正。

刘　瑾

于河海大学江宁校区

目录
Contents

第1章

黏性土团聚体水稳性
测试与评价试验

1-1 试验目的与意义

坡面土体的崩解破坏可以显著影响斜坡的渗透性,在地表水的作用下改变斜坡水文条件,进而影响斜坡稳定性;另外,崩解破坏产物作为重要的物源物质,结合强降雨条件可诱发山区泥石流。河道两侧的涉水岸坡,随着水位的涨落,岸坡土体易发生崩解,崩解后的土体散落于水中,在水下自然堆积,造成河道淤堵、阻塞航道等不利影响。土体崩解的发生、发展的过程实际上是土体颗粒间的力学变化过程。因此,有必要对土体崩解机理开展科学研究,以减少土体崩解破坏的危害。

为探究不同条件下黏性土水稳性的变化规律,本试验对不同含砂量、不同含水率、不同干密度以及水体震动条件下的黏性土试样进行水稳性测试试验,观察描述土样崩解过程,记录土样质量变化,绘制时间-崩解率曲线,计算土样崩解速率,从而分析黏性土水稳性的变化规律,根据扫描电镜图片分析机理,为土体的崩解破坏的机理研究和防治提供一定的参考依据。

1-2 试验原理

土的崩解现象在土工领域称之为湿化,是一种土体遇水发生结构破坏、成为松散堆积体的现象。如图 1-1 为黏土颗粒表面水膜示意图,土的崩解是由于土体浸水后,水进入孔隙或裂隙的情况不平衡,从而引起颗粒间结合水膜增厚的速度不同,导致颗粒间斥力超过吸力的情况不平衡,产生应力集中,使土体沿着斥力超过吸力的最大面崩落。土体在静水中的崩解形式是多种多样的,有均匀散粒状、鳞片状、碎块状,等等。在土体崩解的过程中,土样的崩解残余质量会随着碎土的散落而减小,每隔一段时间对土样的残余质量进行记录,就能计算出土样的崩解量与崩解速率,结合试验过程中对土样崩解形式的描述,以此对不同条件下土样水稳性的变化规律进行分析,并结合扫描电镜技术观察分析其变化机理。

研究表明土的崩解与土体吸水颗粒间扩散层不均匀增厚、膨胀性矿物吸水导致体积膨胀等作用引起的颗粒间斥力增大有关,土体崩解的发生、发展

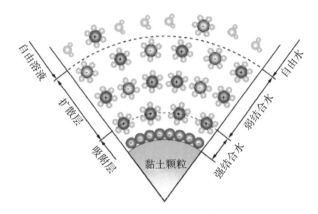

图 1-1 黏土颗粒表面水膜示意图

是水的渗透、颗粒间吸力与颗粒间斥力共同作用的结果。土体初始含水率是影响土体再吸水能力的重要因素；土颗粒种类、配比影响渗水通道的发展及膨胀性矿物的含量；水体的震动直接影响水的渗透速度。因此，初始含水率、初始干密度、土体含砂量、水体震动是影响土体崩解性的重要因素。

1-3 试验材料与仪器

(1) 试样制备

1. 试验材料：砂土、黏土、水。

2. 试验仪器：调土皿、刮土刀、圆柱形模具（底面直径 6.18 cm，高 4 cm）、凡士林、烘箱、铝盒、电子秤、滤纸、千斤顶及相关辅助仪器。

(2) 水稳性测试试验

1. 自行设计的水稳性试验装置（如图 1-2 所示）。

2. 直尺：量程 20 cm，精度 1 mm。

3. 电子秤：称量 1 000 g，感量 0.01 g。

4. 其他：秒表、烘箱、切土刀、铝盒、标签、滤纸、震动棒等。

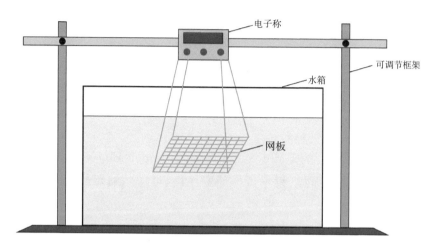

电子称

可调节框架

水箱

网板

图 1-2 水稳性试验装置示意图

1-4 试验操作步骤

本试验首先进行不同干密度($1.5\ \mathrm{g/cm^3}$、$1.6\ \mathrm{g/cm^3}$、$1.7\ \mathrm{g/cm^3}$)、不同含水率(10%、20%、30%)的黏性土样水稳性测试试验,并对试验数据进行记录分析;第二步制作不同含砂量(0%、30%、50%)的土样,选用第一步试验中的最优干密度与含水率进行水稳性测试;第三步在水体震动条件下对水稳性最好的土样进行水稳性测试,并与水体稳定条件下的试验数据进行对比分析。

(1) 试样制备

1. 取过 2 mm 筛孔的烘干后的黏土和砂土若干备用。

2. 按试验设计的含砂量、干密度、含水率称量每个试样所需的黏土、砂土和蒸馏水,精确至 0.01 g。

3. 将黏土、砂土倒入调土皿混合均匀,再倒入蒸馏水,用刮土刀搅拌均匀。

4. 在试验用的模具内壁涂抹薄层凡士林,将拌好的土倒入模具内,抚平表面,用千斤顶压实到给定高度。

5. 稳定三分钟后,用取土器取出试样。

6. 按上述步骤制作平行样测量含水率。

（2）水稳性测试试验

1. 将制好的试样放在网板中央，网板挂在木板下，手持木板迅速地将试样浸入水中，保证每次浸没深度相同，同时开始计时，测记开始时电子秤的瞬间稳定读数。

2. 在试验开始后的 1 min、3 min、5 min、7 min、9 min……测记电子秤读数，并描述试样崩解形式，根据试样崩解快慢，可适当缩短或增长测度时间间隔。

3. 当试样崩解量过 90% 时试验结束。当试样长期不崩解或崩解后达到稳定时，记录试样在水中的情况。

4. 试验结束后，拆除仪器部件，迅速取出试样，排出容器内的水。对于没有完全崩解的试样，用切土刀取试样中间部分，测定试验后的密度和含水量。

5. 打开震动棒并放入水中使水体震动，并按以上步骤再次进行试验。

1-5　试验数据记录

崩解量应按式(1-1)计算：

$$A_t = \frac{M_0 - M_t}{M_0} \times 100 \tag{1-1}$$

式中：A_t 为崩解率；M_0 指试样初始质量；M_t 为观测时间点电子秤瞬时读数。

画出崩解量-时间曲线图，分析不同条件下黏性土水稳性的变化规律，计算崩解速率。

崩解速率应按式(1-2)计算：

$$V = \frac{M_{t1} - M_{t2}}{\Delta t} \tag{1-2}$$

式中：V 指崩解速率；M_{t1} 指 t_1 时间点电子秤瞬时读数；M_{t2} 指 t_2 时间点电子秤瞬时读数；Δt 表示 t_1 和 t_2 的差值。根据崩解速率的变化结合试样崩解形态的描述，能够更清晰地归纳试样崩解规律，有助于土体崩解机理的分析总结。

表 1-1 为含砂量 0%、初始含水率 10%、初始干密度 1.5 g/cm³ 的试验记录表。

其他试验过程也依次记录试验数据，并根据数据绘图。

表 1-1　水稳性测试试验崩解率记录表

试验名称	黏性土团聚体水稳性测试试验与评价			试样编号	
试验日期		试样含砂量(%)			
试验者		试样初始含水率(%)			
初始读数 M_0(g)		试样干密度(g/cm³)			
观察时间（min）	电子秤读数 M_t(g)	读数差 M_0-M_t(g)		崩解量 A_t(%)	崩解情况描述
1					
2					
3					
4					
5					
6					
7					
8					
9					
...					

表 1-2 为部分试样崩解特征记录表。

表 1-2　水稳性测试试验崩解特征记录表

试样编号	水体条件	含砂量（%）	含水率（%）	干密度（g/cm³）	崩解特征

1-6　试验结果与分析

根据表1-1和表1-2的数据,得到水体稳定、含砂量为0%条件下,不同含水率、干密度的试样崩解率随时间的变化特征,从而分析试样崩解规律。

案例分析

一、土体崩解率分析

在一定干密度下,不同含水率的纯黏土试样的崩解率发展曲线如图1-3所示。试验结果分析如下:

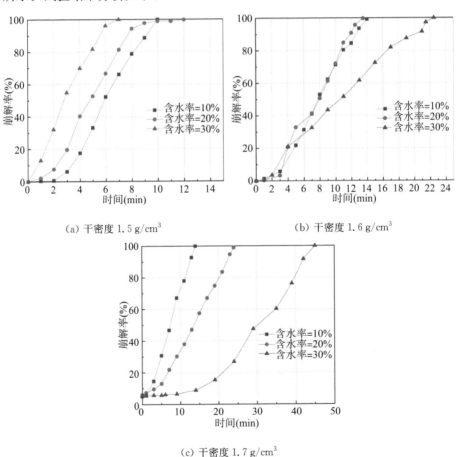

（a）干密度1.5 g/cm³　　　　　（b）干密度1.6 g/cm³

（c）干密度1.7 g/cm³

图1-3　相同干密度不同含水率的黏性土崩解率发展曲线

1. 黏性土的崩解速率随时间的变化规律主要呈先增大后快速减小的趋势,而最大崩解速率随土样含水率和干密度的增大而减小。

2. 土样的完全崩解时间受其含水率和干密度影响,当土样干密度较小时,其完全崩解时间变化范围较小,而当干密度超过 1.5g/cm³ 时,完全崩解时间随含水率的增大呈增大趋势。

3. 相同含水率时,土样的完全崩解时间随干密度的增大逐渐增大。

如图 1-4 为干密度 1.7 g/cm³、含水率 30％ 的试样在不同含砂率条件下的崩解率发展曲线。图 1-5 为干密度 1.7 g/cm³、含水率 30％、含砂量 0％ 的试样在不同水体条件下的崩解率发展曲线。

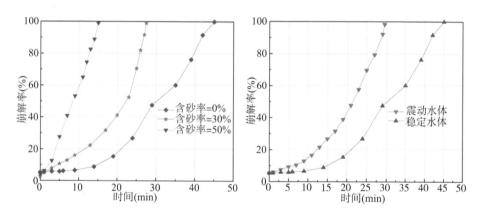

图 1-4　不同含砂率试样崩解率发展曲线　图 1-5　不同水体条件试样崩解率发展曲线

1. 试样的崩解量和崩解速率与含砂量有关,随着含砂量的增加,试样的最大崩解速率相应增加,完全崩解时间相应减少。

2. 根据崩解特征记录描述,含砂量较高的试样浸水后,土样表面产生大量气泡,从微裂隙处开始崩解,崩解物呈碎屑状崩落或呈颗粒状滑落,与图 1-4 中含砂量高的试样崩解速率较快的现象相符。

3. 试样的崩解量和崩解速率受水体环境的震动影响,震动水体条件下试样崩解速率逐步加快,完全崩解时间较短。

二、土体微观结构分析

如图 1-6 为干密度 1.7 g/cm³ 试样的扫描电镜图像,倍率均为 2 000 倍。其中图 1-6(a)、(b)、(c)分别为含水率 10％、20％、30％,图 1-6(d)为含砂量 30％试样。具体细观结构特征分析如下:

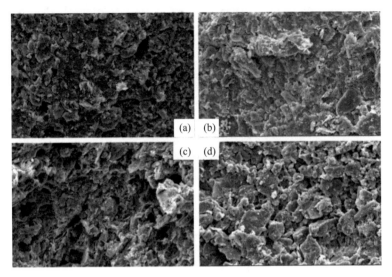

图 1-6　扫描电镜图像

　　1. 通过试样微观扫描电镜可以看出,含水率与含砂量对试样的土颗粒骨架特征和孔隙大小、分布有较大影响。随着试样含水率的升高,土体内部孔隙界面的起伏程度逐渐减小。不同含水率试样孔隙界面的起伏程度的改变与土体内孔隙水的存在状态有关,试样含水率较高时,土体孔隙主要存在自由水与重力水,自由水与重力水的溶蚀作用,可能引起土体内土颗粒间联结的破坏,改变土体颗粒的联结与排列方式,而土体内孔隙的形态决定于颗粒的形态与排列方式。

　　2. 土体含砂量的改变影响土体整体级配分布。由于砂土颗粒较大,砂土颗粒含量的增加加强了渗水通道的发展,显著地增长土体的崩解速率,抗崩解性也随之减弱,崩解量与崩解时间相适应,即崩解时间变短而崩解量变大。

1-7　思考题

　　1. 请简要描述,土体遇水崩解破坏对边坡稳定性的影响。

　　2. 结合不同干密度时不同含水率的黏性土崩解率发展曲线图(图 1.1-1),分析干密度及含水率对土体水稳定性的影响。

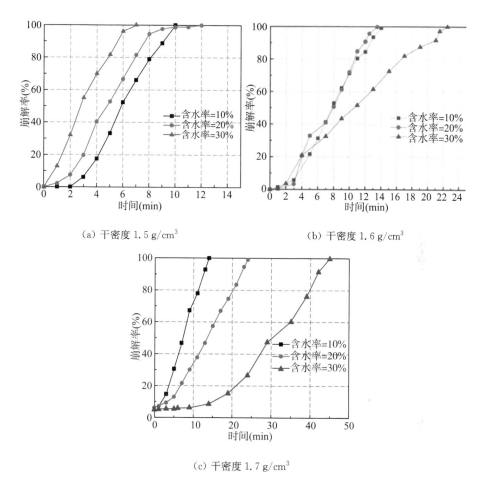

(a) 干密度 1.5 g/cm³　　　　　　(b) 干密度 1.6 g/cm³

(c) 干密度 1.7 g/cm³

图 1.1-1　相同干密度不同含水率的黏性土崩解率发展曲线

3. 结合扫描电镜图像(图 1.1-2),分析砂土土体颗粒的大小及砂土颗粒颗粒含量的增减对土体水稳定性的影响。

4. 边坡经常发生因强降雨导致土体崩解,请根据试验分析如何降低土体因含水率提高发生崩解失稳导致的地质灾害。

5. 对于黏性土易崩解破坏,引发地质灾害的特性,思考如何对此进行灾害预测。

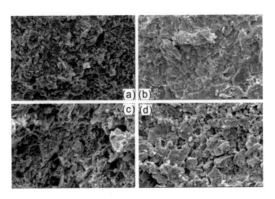

图 1.1-2　扫描电镜图像

1-8　视频资料

1-9　参考文献

[1] 刘瑾,施斌,姜洪涛,等.STW 型高分子土壤稳定剂改良黏性土团聚体水稳性试验研究[J].水文地质工程地质,2009,36(02):77-80+94.

[2] 王琼亚,刘瑾,李鼎,等.高分子稳定剂改良河道岸坡表层砂土水稳定性试验研究[J].防灾减灾工程学报,2020,40(04):566-573.

[3] 胡国长,王伟,王竑,等.岩质边坡新型生态修复基材的抗崩解性试验研究[J].河南科学,2023,41(01):31-38.

[4] 汪勇,刘瑾,张建忙.黄土边坡降雨入渗规律及其对稳定性的影响[J].中国煤炭地质,2017,29(01):48-52.

第 2 章

黏性土干湿循环耐久性试验

2-1　试验目的与意义

　　地表的土体中的气、液两相处在一个动态的变化过程,处于降雨条件下或者河水上涨部位等的土体受外界水的补给,含水率增加;当降雨过后或者河水位下降,土体中的水分也就会逐渐散失。在这样干湿循环作用下,土体的性质不可避免会受其影响。土体在吸水后会出现不同程度的膨胀,在失水后又会发生收缩开裂,如此往复循环,土体的力学性质会受到影响而产生一定程度的降低。处于地壳表层的土体易受雨水浸润作用和水分蒸发干缩的影响,在这样的干湿循环过程中,土体的力学性质往往会减弱。

　　为探究不同干湿循环下黏性土耐久性的变化规律,通过开展不同次数干湿循环条件下高分子聚合物改良砂土三轴剪切试验,研究分析了干湿循环对改良砂土的力学性质的影响规律,并对干湿循环影响砂土力学性质的原因进行了分析。

(a) 湿润　　　　　　　　　　　　　(b) 干燥

图 2-1　干湿循环过程中湿润与干燥试样

2-2　试验原理

　　土的干湿循环是土体在反复干燥、湿润状态下进行某种指标的试验过程。如图 2-1 所示为干湿循环过程中湿润与干燥试样,土的湿润是将养护完成的试样完全浸没在静水中,浸泡 12 h,此时试样在自然状态下的吸水量达到稳定状态。土的干燥是将湿润试样取出并沥干,置于 60 ℃烘箱干燥 12 h,此时试样含水率小于 2%,此时试样处于干燥状态。土从湿润至干燥为一次循环,设计多次循环,进行三轴剪切试验,以此对不同干湿循环次数下土样耐久性的变化规律进行分析,并结合扫描电镜技术观察分析其变化机理。

研究表明,土的干湿循环中过多的水分条件会引起改良黏土体积的膨胀,在干燥条件下改良黏土体积又会产生收缩变形,在此过程中会造成黏土颗粒间的黏结性、高分子膜对黏土颗粒黏连性的减弱和高分子膜本身的损伤。因此,干湿循环次数对土体耐久性有明显影响。

2-3 试验材料与仪器

(1) 试样制备

1. 试验材料:砂土、黏土、水。

2. 试验仪器:调土皿、刮土刀、圆柱形模具(底面直径 3.91 cm,高 8 cm)、凡士林、烘箱、铝盒、电子秤、滤纸、千斤顶及相关辅助仪器。

(2) 干湿循环

1. 试验材料:标准三轴试样。

2. 试验仪器:水、水箱、烘箱、手套等相关辅助工具。

3. 试验过程:干湿循环(图 2-2)。

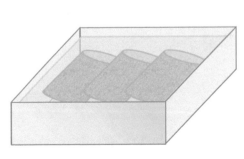

(a) 试样浸泡　　　　　　　　　　(b) 试样干燥

图 2-2　干湿循环过程

(3) 三轴剪切试验

1. 试验方式为不固结不排水剪(UU)试验。

2. 试验仪器:TSZ-1全自动三轴仪(图2-3),包含数据自动采集装置、轴压加压装置和围压加压装置。

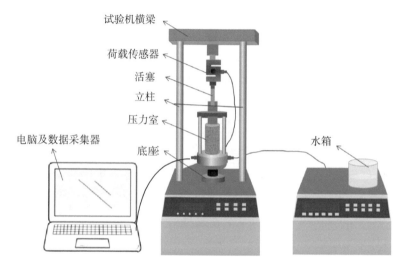

图2-3 全自动三轴仪

2-4 试验操作步骤

本试验制定 1.5 g/cm³ 干密度、10% 含水率的标准三轴试样进行黏性土干湿循环耐久性试验,并对试验数据进行记录分析;第一步制作设定的标准三轴试样;第二步选用第一步试验所制试样进行干湿循环;第三步取完设定干湿循环次数的试样进行三轴剪切,并将试验数据进行对比分析。

(1) 试样制备

1. 取过 2 mm 筛孔的烘干后的黏土和砂土若干备用。

2. 按试验设计的干密度、含水率称量每个试样所需的黏土、聚合物和蒸馏水,精确至 0.01 g。

3. 将黏土、聚合物倒入调土皿混合均匀,再倒入蒸馏水,用刮土刀搅拌均匀。

4. 在试验用的模具内壁涂抹薄层凡士林,将拌好的土倒入模具内,抚平表面,用千斤顶压实到给定高度。

5. 稳定三分钟后,用取土器取出试样。

6. 按上述步骤制作平行样测量含水率。

(2) 干湿循环

1. 制作特定规格的试样并在室温环境条件下养护至试样固化完全。

2. 将养护完成的试样置于静水中,试样需完全浸没在水中,浸泡 12 h,此时试样在自然状态下的吸水量达到稳定状态。

3. 将试样取出并沥干,然后置于 60 ℃ 烘箱干燥 12 h,此时试样含水率小于 2%,试样处于干燥状态,至此为一次循环,本试验设置的最大循环次数为20 次。

4. 对经历设计次数干湿循环的试样进行三轴剪切试验。

(3) 三轴剪切试验

1. 试验准备阶段。将试样用三轴仪乳胶膜包裹,固定在三轴仪承载台上,并将压力室安装在底座上并旋紧,防止施加围压时出现漏水的情况。然后使仪器传力杆与顶端量测装置接触,并将压力室里注满水,旋紧排气孔。

2. 量测及数据采集阶段。施加围压至设定数值,然后开始定速率压缩,试验速率设置为 0.8 mm/min,试验数据由测量装置传感器测量并输入电脑中。

3. 试验数据处理阶段。将传感器录入的试验数据输入到 Microsoft Excel 中,绘制相应的应力-应变曲线。观察所绘制的曲线,如果曲线存在明显峰值,则以该峰值作为该试样的偏应力;如果曲线持续上升或者到达峰值后趋势平缓,则取轴向应变 15% 对应的应力为偏应力。根据不同偏应力求得最大主应力,结合对应的围压,使用 Microsoft Excel 中的求解工具即可计算黏聚力(c)和内摩擦角(φ)。

2-5　试验数据记录

表 2-1　黏性土干湿循环三轴剪切数据记录表

试验名称	黏性土干湿循环耐久性试验				试样编号		01
试验日期					试样初始含水率(%)		10
试验者					试样干密度(g/cm³)		1.5
试样编号	干湿循环次数（次）	聚合物含量 f_p (%)	峰值偏应力（MPa）				黏聚力（kPa）	内摩擦角（°）
			$\delta_1=100$	$\delta_2=200$	$\delta_3=300$	$\delta_4=400$		
1								
2								
3								
4								
5								
6								
7								
8								
9								
10								
11								
12								
13								
14								
15								
16								
17								
18								
19								
20								
21								
22								
23								
24								

2-6 试验结果与分析

根据表 2-1 的数据,可以探测不同干湿循环次数与不同聚合物含量下试样三轴剪切应力-应变关系曲线、峰值偏应力、黏聚力和内摩擦角,结合扫描电镜图像分析砂土试样力学性质的变化规律和固化剂的作用机理。

案例分析

一、试样应力-应变曲线

如图 2-4 所示,根据监测的试验数据,记录初始含水率10％、干密度 1.5 g/cm³ 和围压 100 kPa 时,不同干湿循环次数与不同聚合物含量的试样三轴剪切应力-应变数据。试验结果分析如下:

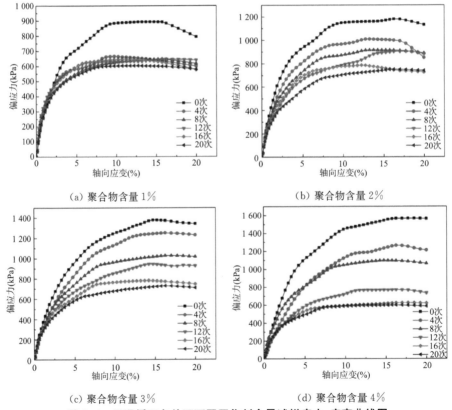

（a）聚合物含量1％ （b）聚合物含量2％

（c）聚合物含量3％ （d）聚合物含量4％

图 2-4　干湿循环条件下不同固化剂含量试样应力-应变曲线图

1. 同一聚合物含量改良砂土试样,在同一围压条件下,随着干湿循环次数增加,试样的峰值应力逐渐减小。

2. 对于同一聚合物含量的改良砂土试样,在干湿循环次数相同时,试样的峰值应力与围压呈正相关关系。

3. 干湿循环条件只会影响试样的抗压强度,对试样的应力随应变变化趋势影响不大。

二、峰值偏应力变化曲线

如图 2-5 所示,根据监测的试验数据,记录初始含水率 10% 和干密度 1.5 g/cm³ 时,不同围压、干湿循环次数与聚合物含量条件下的峰值偏应力数据。试验结果分析如下:

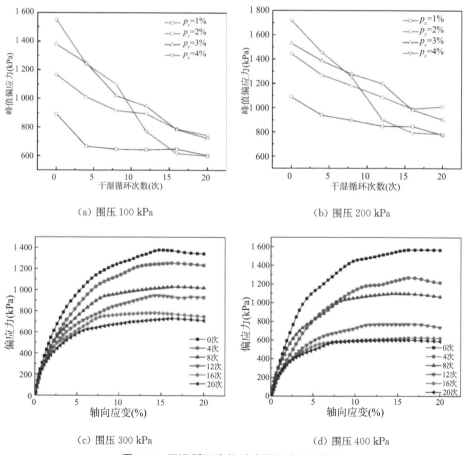

图 2-5　干湿循环次数对峰值偏应力的影响

1. 聚合物含量越高,改良砂土在未经干湿循环处理时的峰值偏应力越大,但在经历多次干湿循环后,其峰值偏应力下降程度也越大。

2. 在干湿循环次数不超过4次时,试样的峰值偏应力随着聚合物含量的增加而增加。此时干湿循环次数较少,试样在干湿循环过程中体积膨胀量较小,影响改良砂土力学性质的因素主要还是高分子膜的交联程度;聚合物含量越高,交联程度越高,试样的力学性质也就越好。

3. 当干湿循环次数超过8次时,干湿循环对高分子膜的破坏作用加剧,试样的体积膨胀量随着聚合物含量的提高而显著增加,聚合物含量不再是唯一决定试样力学性质的因素。在此过程中,随着干湿循环次数的增加,高分子膜被破坏程度加深,聚合物含量越高的试样,其体积膨胀量越大。此时,聚合物含量与试样密度的变化共同决定试样力学性质的因素,干湿循环改变了原本峰值偏应力随聚合物含量变化的规律。

三、黏聚力和内摩擦角变化曲线

如图2-6所示,根据监测的试验数据,记录初始含水率10%和干密度1.5 g/cm³时,不同干湿循环次数与聚合物含量条件下的黏聚力和内摩擦角数据。试验结果分析如下:

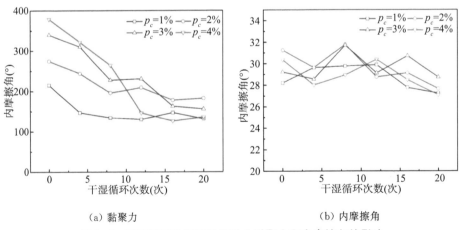

(a) 黏聚力　　　　　　　　　　　　(b) 内摩擦角

图2-6　干湿循环次数对改良砂土黏聚力和内摩擦角的影响

1. 在干湿循环次数小于8次时,试样的黏聚力与聚合物含量呈正相关,此范围内,聚合物含量越高,试样黏聚力越大。

2. 在干湿循环次数大于8次时,聚合物含量较高的砂土试样比含量较低的试样受干湿循环影响更大。随着干湿循环的加深,试样体积膨胀也越明显,试样所吸收的水分也越多,这种效果随聚合物含量的增加而增大,也导致聚合物含量较高的试样,受干湿循环的影响更大。

四、干湿循环后的微观照片

如图 2-7 所示,记录聚合物含量为 4%、密度为 1.6 g/cm³ 的试样在经历 20 次干湿循环后的微观照片,倍率分别为 76 倍、251 倍。试验结果分析如下:

(a) 76 倍　　　　　　　　　　　　　　　　(b) 251 倍

图 2-7　扫描电镜图像

1. 20 次干湿循环后,发现改良砂土试样中依旧分布着大量的高分子膜,这些高分子膜在砂土试样中起着包裹和桥接砂土颗粒的作用,能显著提高砂土的力学性质。

2. 改良砂土试样在经历多次干湿循环后虽然会产生劣化效果,其力学性质相较于未经干湿循环的试样会有一定程度的降低,但相较于未经改良的砂土仍然拥有较强的结构性和力学性质。

2-7 思考题

1. 简述含水率变化对土体性质的影响。
2. 结合图 2-4 简述干湿循环如何影响土体力学性质。
3. 干湿循环的次数对土体耐久性的影响体现在哪些方面?
4. 三轴剪切试验的注意事项有哪些?
5. 结合图 2.1-1 分析干湿循环对试样耐久性的主要破坏形式。

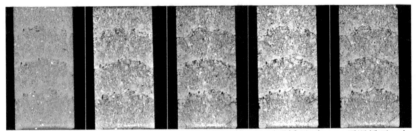

(a)干湿循环0次 (b)干湿循环1次 (c)干湿循环4次 (d)干湿循环8次 (e)干湿循环12次

图 2.1-1 干湿循环耐久性测试

2-8 视频资料

2-9　参考文献

[1] 马晓凡,陈红,刘瑾,等.CT 扫描视域下黏土干湿循环劣化机理研究[J].河海大学学报（自然科学版）,2023,51(05):111-118.

[2] 何戏龙,宋京雷,理继红,等.干湿循环条件下有机聚合物复合黏土保水与开裂特性研究[J].河北工程大学学报（自然科学版）,2021,38(02):31-37.

[3] Bu F,Liu J,Mei H,Song Z,Wang Z,Dai C,et al. Cracking behavior of sisal fiber-reinforced clayey soil under wetting-drying cycles. Soil & Tillage Research. 2023, 227:105596.

第 3 章

黏性土冻融循环耐久性试验

3-1　试验目的与意义

由于黏土大多存在于干湿较为明显的地区,故对其进行干湿方面的研究较多,而对红黏冻土这一方面的研究相对较少,但存在黏土的随季节变化时温差较为明显地区的工程,黏土的冻结和冻融研究显得尤为重要。冻融作用对膨胀性黏土影响显著,尤其对于不同含水率的黏土,影响作用不尽相同。从冻融循环作用出发,研究含水率对黏土地区力学特性的影响,得出在冻融循环作用下不同含水率对黏土力学性能的影响,为寒区工程中的黏土工程提供一定的参考价值。

本试验主要通过对冻融循环作用下不同含水率条件下的重塑黏土进行固结不排水试验,研究常规条件和冻融循环稳定后,含水率对重塑黏土强度的影响,为黏土地区的冻结施工提供一定的参考价值。

3-2　试验原理

土体的冻融循环过程,就是土体内部水分不断迁移和状态在液态-固态-液态转化的过程,这对土体内部和土颗粒表面特性会造成一定的影响。有学者研究发现,在土体逐渐完全冻结的过程中,表层土体内部的水先出现结冰现象,随着冻结过程的持续,水分由土体内部向冻结区迁移并发生冻结,冻结锋面(冻土与非冻土之间接触界面)也慢慢向土体内部移动,这又促进土体进一步冻结。随着冻结深度的增加,冻结速率也会逐渐变慢,直到土体完全冻结稳定。由于水分由液态转换成固态时产生的冻胀力,增大了土颗粒间的间距,破坏了土体的骨架结构,土体产生了裂纹和大孔裂缝,即使土体内部冰晶融化,这部分大孔隙也不能完全消失。在土体融化过程中,土体水分会再次逆向迁移。由于土体表层对外界环境最为敏感,土体表层的冰晶最先融化,此时冻结锋面下的水分还处于冰晶体状态,液态水势能较小,部分水分不会往下面转移,会继续停留在融化区,另一部分水会从融化的土层内被抽取到正在融化的土层中,导致土体水分分布不均匀。当土体完全融化后,冻胀力完全消失,土体体积收缩,但破坏的土颗粒联结无法恢复,土颗粒会在自重作用下发生沉降、在水的吸附力作用下相互靠近等方式作用下进行重新组合，达到相对稳定状态。土中水在迁移过程中，会对土颗粒的联结产生一定的破坏。土体经过多次冻融循环作用，水分的来回迁移过程和状态变化不断破坏土体的结构性，使得土体内部产生大量裂缝、裂隙，一定程度上破坏了土体骨架的联结，从而改变土体的物理性质，抗剪强度及其指标参数等力学性质也会发生损伤。

3-3 试验材料与仪器

（1）试样制备

1. 试验材料：砂土、黏土、水。

2. 试验仪器：调土皿、刮土刀、圆柱形模具（底面直径 6.18 cm，高 4 cm）、凡士林、烘箱、铝盒、电子秤、滤纸、千斤顶及相关辅助仪器。

（2）三轴剪切试验

试验仪器：TSZ-2 型全自动三轴仪；该仪器主要由应变升降底座、套筒、轴力传感器以及围压反压系统组成，并通过计算机数据采集系统自动采集试验数据，如图 3-1 所示。

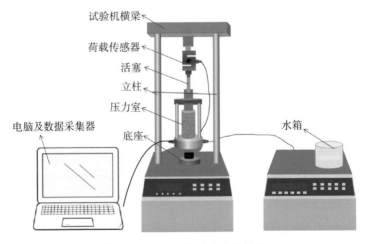

图 3-1 TSZ-2 型全自动三轴仪

3-4　试验操作步骤

(1) 试样制备

在现场钻取土样,运回试验室后,先将其风干,然后将土样碾碎并过 2 mm 细筛,取足够试验用的土样放入烘箱内烘干。由于此地区原状土的含水率在 17.0%～23.7%之间,并且前期通过大量试验分析得出塑限含水率并没有影响三轴试验中各项指标规律,因此按含水率相差 3%的区间预配 15%、18%、21%、24%四组土样。将分配好的土样放入养护箱内养护 24 h,养护完成后分别制成规格为 39.1 mm 和 80 mm 的三轴试验土样,每种含水率 18 个土样,共计 72 个,如图 3-2 所示。

(a) 冻融循环试样　　　　　　　　　(b) 常规剪切试样

图 3-2　三轴试验试样

(2) 试验过程

本次试验的目的是研究冻融循环作用下不同含水率对重塑黏土力学参数的影响。试验过程如下。首先,将制好的重塑黏土试样均分成 2 组,一组不进行冻融循环试验,另外一组在冻结温度-10 ℃的条件下冻结 12 小时,然后再在温度为 20 ℃的条件下融化 12 小时。每次这一冻融过程结束后,对试样高度进行测量。反复进行这一操作,直到测量高度不再发生变化,试验发现 10 次冻融稳定。其次,对三轴试样进行剪切速率为 0.008%(mm/min)、围压分别为 100 kPa、200 kPa、300 kPa 的固结不排水三轴剪切试验。

3-5　试验数据记录

如表 3-1 所示为 15%、18%、21%、24%这 4 种含水率下不同围压的冻融循环后重塑黏土的抗剪强度的试验记录表。

表 3-1　三轴试验条件下冻融循环黏土抗剪强度值

围压 (kPa)	冻融循环次数 (次)	含水率(%)			
		15	18	21	24

表 3-2 所示为 15%、18%、21%、24%这 4 种含水率下的冻融循环后重塑黏土的抗剪强度指标的试验记录表。

表 3-2　黏土抗剪强度指标

含水率(%)	常规条件		冻融循环稳定	
	黏聚力(kPa)	内摩擦角(°)	黏聚力(kPa)	内摩擦角(°)
15				
18				
21				
24				

3-6　试验结果与分析

根据表 3-1 表 3-2 的数据,可以探测同含水率、不同围压和不同冻融循环次数下,试样在三轴固结不排水试验中的应力-应变曲线、抗剪强度和抗剪强度指标,从而分析试样力学性质的变化规律。

案例分析

一、应力-应变曲线

如图 3-3 所示,根据监测的试验数据,记录 15%、18%、21%、24% 这 4 种含水率,100 kPa、200 kPa 和 300 kPa 这 3 种围压,以及 0 次和 10 次这两种冻融循环次数下,试样在三轴固结不排水试验中的应力-应变曲线。试验结果分析如下:

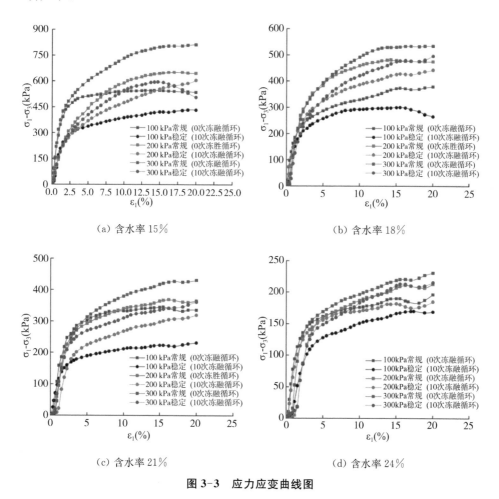

图 3-3 应力应变曲线图

1. 无论是常规条件还是冻融循环稳定后(10 次),不同含水率下土样呈现明显的应变硬化现象。出现这一现象的原因是土体在剪切达到最大剪应力后发生很明显的脆性破坏。

2. 由图 3-3 可知,含水率相同时,随着围压的增大,最大剪应力会逐渐增大;围压一定时,随着含水率的增大,最大剪应力在逐渐减小。分析认为,围压在剪切过程中起着非常重要的作用,虽然试样的高度是在竖向方向上降低,但是其横向也会产生一定的变形,颗粒在竖直方向上会被集中挤压到横向区域,而围压限制了土体的横向变形,也束缚了土颗粒的横向移动,因此围压越大,限制作用越强,最大剪应力也会随着应变的增加而增加。

3. 由于土的剪切变形是由土颗粒之间的相互作用移动形成的,随着含水率的增加,土体内部孔隙水逐渐增多,土颗粒之间的相互作用减弱,最大剪应力也就逐渐减小。

二、抗剪强度变化曲线

如图 3-4 和 3-5 所示,根据监测的试验数据,记录抗剪强度与含水率和围压的关系,运用 Origin 软件进行拟合分析,拟合参数分别如表 3-3 和表 3-4。试验结果分析如下:

$$\tau_f = a\omega + b \#   \tag{3-1}$$

式中:τ_f 为红黏土抗剪强度(kPa);ω 为红黏土含水率(%);a、b 为拟合参数值,结果如表 3-3。

$$\tau_f = c\sigma + d \#   \tag{3-2}$$

式中:τ_f 为红黏土抗剪强度(kPa);σ 为三轴试验中施加的各级围压(kPa);c、d 为拟合参数值,结果如表 3-3。

表 3-3　抗剪强度与含水率拟合参数

围压(kPa)	冻融次数(次)	a	b	R^2
100	0	−36.547	1 076.21	0.938 3
	12	−28.933	846.15	0.958 0
200	0	−48.207	1 367.28	0.994 5
	12	−41.087	1 167.74	0.999 9
300	0	−61.437	1 693.39	0.975 4
	12	−42.183	1 233.20	0.995 8

表 3-4　抗剪强度与围压拟合参数

含水率(%)	冻融次数(次)	c	d	R^2
15	0	1.259	413.80	0.990 7
	12	0.806	366.07	0.929 0
18	0	0.812	300.30	0.960 1
	12	0.873	255.60	0.941 2
21	0	0.423	297.00	0.937 6
	12	0.690	159.07	0.988 1
24	0	0.144	176.50	0.989 6
	12	0.205	146.73	0.946 2

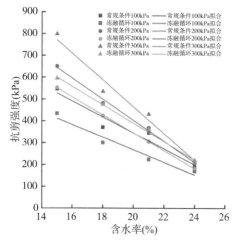

图 3-4　抗剪强度与含水率拟合曲线

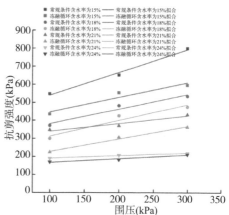

图 3-5　抗剪强度与围压拟合曲线

三、抗剪强度指标变化曲线

如图 3-6 所示,根据监测的试验数据,记录抗剪强度指标(黏聚力和内摩擦角)与含水率的关系,运用 Origin 软件进行拟合分析,拟合参数如表 3-5。试验结果分析如下:

表 3-5　抗剪强度与含水率拟合参数

抗剪强度指标	冻融次数(次)	m	n	R^2
黏聚力拟合	0	−5.971 7	224.425	0.978 75
	10	−9.0433	243.450	0.922 51

续表

抗剪强度指标	冻融次数(次)	m	n	R^2
内摩擦角拟合	0	−2.1013	54.246	0.999 73
	10	−1.574 7	44.916	0.911 53

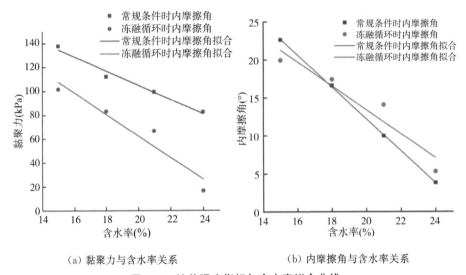

（a）黏聚力与含水率关系　　　　　　　（b）内摩擦角与含水率关系

图 3-6　抗剪强度指标与含水率拟合曲线

1. 三轴试验中,常规条件下的黏聚力离散程度要比冻融循环稳定后的离散程度小,即黏聚力拟合时的相关性更高,达到 0.978 75,常规条件下的黏聚力均大于冻融循环稳定后,并且这种差异性随含水率的提高逐渐增大。

2. 15%含水率时,常规条件下的黏聚力是冻融循环稳定后的 1.36 倍,而 24%含水率时达到了 21.50 倍;冻融状态一定时,常规条件下,15%含水率时黏聚力是 24%的 1.67 倍,冻融循环稳定后,达到了 5.90 倍,说明含水率的提高以及冻融循环作用很大程度改变了红黏土的黏聚力,使其黏聚力产生明显的差异。

3. 含水率的提高,使得红黏土的内摩擦角在减小,但是冻融循环作用后,红黏土的内摩擦角比常规条件下显著增大,分析认为,冻融循环作用使红黏土土质疏松,内部颗粒间的润滑作用减小,内摩擦角增大,含水率的提高使得内部颗粒间的相互作用减弱,内摩擦角减小。因此,含水率的提高以及冻融循环作用对红黏土抗剪强度指标均产生不利影响。

3-7　思考题

1. 冻结作用对膨胀性黏土性质的影响体现在哪些方面?
2. 寒区工程中含水率的大小对土体性质有哪些影响?
3. 结合图 3.1-1 思考冻融循环如何影响土体的力学特性。

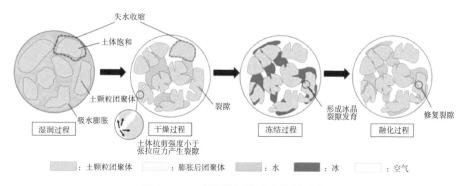

图 3.1-1　冻融循环影响土体的过程

4. 水分迁移如何影响土体的结构?
5. 结合图 3-3 分析含水率的大小对冻融循环的影响。

3-8　视频资料

3-9　参考文献

[1] Song Z, Liu J, Yu Y, et al. Characterization of artificially reconstructed clayey soil treated by polyol prepolymer for rock-slope topsoil erosion control[J]. Engineering Geology,2021,287(4):106114.

[2] 张凌凯,张浩,崔子晏.不同循环模式条件下膨胀土的力学特性变化规律及其物理机制研究[J].土木工程学报,2023,56(10):1-14.

第4章

黏性土盐分含量
测试试验

4-1　试验目的与意义

　　盐渍土通常是指含盐质量占干土质量 0.3% 以上,并具有盐胀、融陷、腐蚀等工程特性的一类土体,由于盐渍土孔隙溶液中含有大量盐分,在达到饱和后还会有盐晶体析出,因此盐渍土的存在会对基础工程建设产生显著影响,某些地基土体中还会含有腐蚀类盐分,降低建筑设施的服务寿命(图 4-1)。盐渍土种类繁多,按土中易溶盐成分可划分为硫酸盐渍土、氯盐渍土和碳酸盐渍土三种,在我国主要分布面积超过 200 000 km^2,占全国可利用土体面积的 5% 左右。

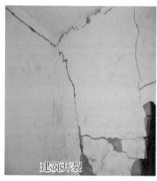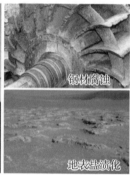

图 4-1　盐渍土的危害

　　硫酸盐渍土由于盐胀作用强烈,严重影响着公路、铁路、工业、民用建筑物的稳定性。针对硫酸盐渍土的处理措施已有大量研究,主要思路是通过各种方法降低盐渍土中的盐分含量。本试验通过对掺入不同含量的 CLS 型改良剂的硫酸盐渍土的盐分含量进行测试,总结出一套可操作性强的测量硫酸盐渍土盐分含量的方法,同时验证 CLS 型改良剂对盐渍土的改良效果,可以为后续盐渍土研究提供一定参考依据。

4-2　试验原理

　　盐渍土三相组成中的液相成分中含有盐溶液,固相成分除了土颗粒外,还有难溶结晶盐和容易随外界条件变化而发生相变的易溶结晶盐。固相结晶盐和液相盐溶液在外界条件变化的情况下发生相互转化的现象导致了盐渍土工程特性的复杂性。为了测量盐渍土中易溶盐的含量,将土样与纯净水按一定的水土比例混合,经一定时间的振荡或搅拌后过滤,滤液可作为盐渍土含盐量测定的待测液。利用 $BaCl_2$ 对待测液进行沉淀滴定,使 $BaCl_2$ 与硫酸根充分反应生成几乎不溶于水、性质稳定的 $BaSO_4$ 沉淀,反应方程式为

$$Na_2SO_4 + BaCl_2 =\!=\!= 2NaCl + BaSO_4 \downarrow \tag{4-1}$$

通过测量沉淀质量可以推算出所测土样中的硫酸根含量:由于 Ba、S、O 相对原子质量分别为 137.327、32.065、16,因此可以计算出每单位质量 $BaSO_4$ 中 SO_4^{2-} 的占比为

$$\frac{M_{SO_4}}{M_{BaSO_4}} = \frac{32.065 + 16 \times 4}{32.065 + 16 \times 4 + 137.327} \approx 0.411\,6 \tag{4-2}$$

式中:M 表示相对分子质量。

CLS 型改良剂是一种高分子聚合物,其主要材料是造纸产生的副产物,自然状态下成粉末状。CLS 型改良剂溶于水后水解产生钙离子,可以使硫酸盐渍土中不稳定的硫酸盐转化成稳定的硫酸钙,从而达到降低盐渍土中盐分含量的目的。因此当硫酸盐渍土中掺入不同含量的 CLS 型改良剂时,其盐分含量也会发生相应变化。

4-3 试验材料与仪器

(1) 试样制备

1. 试验材料:硫酸盐渍土、CLS 型改良剂、纯净水。
2. 试验仪器:调土皿、刮土刀、圆柱形模具(底面直径 39.1 mm,高 80 mm)、凡士林、烘箱、铝盒、电子秤、滤纸、千斤顶、养护箱及相关辅助仪器。

(2) 土样浸出液提取试验

1. 试验材料:制备好的试样、纯净水。
2. 试验仪器:烘箱、研磨钵、2 mm 筛、量筒、往复式电动震荡机、震荡瓶、

漏斗、滤纸、玻璃棒、电子秤、烧杯。

(3) 硫酸根含量测试

1. 试验材料:氯化钡溶液(0.02 mol/L)、稀盐酸(2 mol/L)、甲基红溶液、试样浸出液、纯净水。

2. 试验仪器:电子天平、坩埚、沙浴锅、滴管、锥形瓶、漏斗、玻璃棒、真空泵、抽滤瓶、滤膜、烘箱。

4-4　试验步骤

本试验首先按干密度 1.6 g/cm³、含水率 15％制备不同 CLS 改良剂掺量的试样,其中 CLS 改良剂掺量指 CLS 与干土质量比。CLS 改良剂掺量分别设置为 0％、0.5％、1％、3％,在标准养护条件下养护 7 天后,分别提取土样浸出液,最后根据重量法测试硫酸根含量。

(1) 试样制备

1. 取过 2 mm 筛孔的烘干后的硫酸盐渍土若干备用。

2. 按试验设计的 CLS 掺量、干密度、含水率称量每个试样所需的盐渍土和蒸馏水,精确至 0.01 g。

3. 将盐渍土和 CLS 倒入调土皿混合均匀,再倒入蒸馏水,用刮土刀搅拌五分钟。

4. 在试验用的模具内壁涂抹薄层凡士林,将拌好的土倒入模具内,抚平表面,用千斤顶压实到给定高度。

5. 稳定三分钟后,用取土器取出试样。

6. 用保鲜膜包裹试样后放入标准养护箱中养护 7 天。

(2) 土样浸出液提取试验

1. 将养护好的试样分别烘干,用研磨钵研磨粉碎。

2. 用电子秤称取过 2 mm 筛后的土粉 50.00 g,放入干燥的 500 mL 震荡瓶中,取 250 mL 纯净水与土粉混合。

4. 将震荡瓶放置在往复式电动震荡机上震动 5 min,使易溶盐充分溶解。

5. 静置 24 h 后吸取上层清液,并对下层混合物进行抽滤,得到一份土样浸出液。

6. 每个 CLS 掺量的试样制备两份浸出液待测,保证每份浸出液体积相等。

(3) 硫酸根含量测试

1. 取浸出液置于 400 mL 烧杯中,加 5 滴甲基红指示剂,滴加稀盐酸至溶液恰成红色。

2. 将烧杯用沙浴锅加热至近沸,迅速加入 40 mL 0.02 mol/L 氯化钡溶液,剧烈搅拌 2 min。

3. 冷却至室温,滴入少许氯化钡溶液检查是否沉淀完全。

4. 静置 2 h,通过抽滤装置先将上层清液滤除,再将沉淀过滤。

5. 用水将烧杯洗涤数次,待沉淀不再滴水后将滤膜取下。

6. 分别称量坩埚质量、坩埚+沉淀质量,将坩埚放入烘箱中以 110 ℃ 烘干。

7. 每隔 1 h 取出坩埚,在干燥容器中冷却至室温后称重,直至两次称重之差不超过 0.000 2 g 视为恒重。

8. 计算硫酸钡沉淀质量,推算土样中硫酸根含量。

4-5　试验数据记录

所测土样中的硫酸根含量按式(4-3)计算

$$硫酸根(\%)=\frac{(G_1-G_2)\times0.411\ 6}{W}\times100 \qquad (4-3)$$

式中:G_1 为坩埚加硫酸钡质量(g);G_2 为坩埚质量(g);W 为所取土样质量(g);0.411 6 为硫酸钡换算为硫酸根的系数。

本试验的记录格式如表 4-1 所示。

表 4-1 黏性土盐分含量测试试验记录表

试验名称	黏性土盐分含量测试试验				试验日期			
试验地点					试验者			
试样干密度(g/cm³)				1.6	试样初始含水率(%)		15	
CLS 掺量 P(%)	烘干土质量 W (g)	加水体积 V_w (mL)	浸出液体积 V_x (mL)	坩埚质量 G_2(g)	滤膜质量 m_l(g)	坩埚+滤膜+沉淀质量 G_1(g)	沉淀质量 G_3(g)	硫酸根含量 $\omega(SO_4^{2-})$(%)
								计算值(%) / 平均值(%)
掺量 1								
掺量 1								
…								
掺量 5								

4-6 试验结果分析

根据表 4-1 记录的数据,可以推算硫酸盐渍土在不同干密度和含水率的条件下掺入不同含量的 CLS 改良剂时,其硫酸根含量的变化规律。试验结果分析如下:

案例分析

如图 4-2 所示,根据监测的试验数据,记录 CLS 改良剂掺量为 0%、0.5%、1.0% 和 3.0% 情况下,试样中硫酸根含量的变化规律。试验结果分析如下:

结果分析:

1. 本试验采用的方法可以测试硫酸盐渍土中硫酸根的含量,具有较强的可操作性。

2. 随着盐渍土中的 CLS 改良剂掺量的增加,硫酸盐渍土所含硫酸根呈

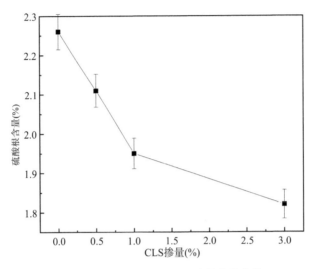

图 4-2　硫酸根含量随 CLS 掺量变化曲线

下降趋势。

3. 当掺入 3% 的 CLS 改良剂时,盐渍土中硫酸根含量为 1.82%,相比不添加 CLS 的盐渍土硫酸根降低了 19.47%,说明 CLS 型改良剂对盐渍土的改良效果良好。

4-7　思考题

1. 简述盐渍土形成的原因。
2. 简述盐渍土如何影响工程建设?
3. 结合图 4.1-1 思考各深度下盐渍土对土体湿度的影响?
4. 盐渍土中盐分含量的多少对土体性质有什么影响?
5. 盐渍土的处理措施主要有哪些?

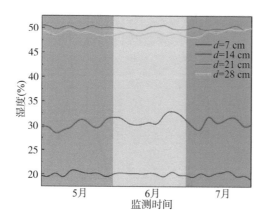

图 4.1-1　盐渍土对土体湿度的影响

4-8　视频资料

4-9　参考文献

[1] 郝社锋,葛礼强,任静华,等.新型水溶性保水剂改良盐渍土保水特性试验研究[J].河北工程大学学报(自然科学版),2023,40(01):35-40.

第5章

土体龟裂动态发育特征探索试验

5-1　试验目的与意义

在干旱气候条件下,土体由于内部水分流失而产生干缩开裂,使得土体完整性遭到破坏,极大弱化了土体结构,导致土体强度和稳定性降低。与此同时,土体表面及内部裂隙的存在,可以为水分的运移提供"快速通道",加速水分在土体中的渗流。在降水条件下,雨水能通过裂隙快速入渗到土体内部,导致土体力学性质劣化,易发生水土流失现象,进而诱发崩塌、滑坡和泥石流等地质灾害。受全球气候变化影响,未来极端干旱气候发生的频率和强度及影响范围呈上升趋势,土体干缩开裂问题愈加严峻,成为近年来岩土、地质工程等领域一直关注的热点问题。因此,深入研究裂隙发育过程、几何形态及其机理,对进一步理解自然界中土体干缩开裂问题及提升防灾减灾能力具有重要意义。

为探究不同厚度条件下黏性土干缩开裂的变化规律,本试验针对不同厚度试样开展了一系列室内干燥试验,记录试样水分蒸发和裂隙动态发育特征,并结合数字图像处理技术对土体表层裂隙网络的几何形态进行定量分析,最后探讨分析了试样厚度对黏性土龟裂的影响机制,为土体龟裂机理研究和防治提供一定的参考依据。

5-2　试验原理

土体干缩开裂是一种常见的自然现象,如图 5-1 所示。干燥过程中,土体裂隙形成过程包括水分蒸发、体积收缩、裂隙发育。自然状态下土体是一种多孔介质,饱和时其孔隙被水填满,黏土颗粒表面附有结合水膜,颗粒间并不直接接触,而是存在一定的距离,这为黏性土失水收缩提供了大量空间,如图 5-2(a)所示。

干燥蒸发首先从土体表面开始,颗粒间自由水首先散失,随着蒸发持续,土体中产生毛细作用,使下层土体水分持续向上传输以维持蒸发。毛细作用导致土颗粒间形成弯液面,即收缩膜,如图 5-2(b)所示。收缩膜的表面张力使得土颗粒相互靠拢,宏观上表现为土体收缩变形。干燥过程中,由于土体

图 5-1　土体干缩开裂现象

非均质性、组成成分复杂性及结构差异性的影响,土颗粒间联结强度大小不一,失水不均匀,易在土颗粒联结力相对较弱的地方发生应力集中,当土体某处的张拉应力大小超过土颗粒间的联结强度时,裂隙形成,如图 5-2(c)所示。裂隙形成后,局部应变能得以释放,拉应力在裂隙尖端产生集中,使得裂隙在水平方向和竖直方向继续延伸,在宏观上表现为裂隙变宽、加深的过程。由于裂隙发育是一种张拉破坏,裂隙总是垂直于最大拉应力方向发育,因此次级裂隙一般垂直于主裂隙发展。

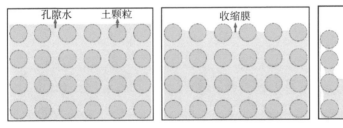

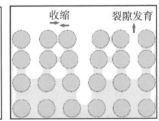

（a）处于饱和状态的土体　　　（b）毛细水表面收缩膜　　　（c）裂隙形成

图 5-2　土体干缩开裂现象

　　由于干燥蒸发首先由表面开始,沿土体深度方向含水率逐渐升高,因此土体沿深度方向上的收缩变形存在差异,即表层土体收缩变形比深部快。土层越薄,蒸发作用越快影响到试样内部蒸发界面,进而主导后续裂隙发育过程。随土层厚度增加,蒸发作用影响速率受限,裂隙发育范围有限。

5-3　试验材料与仪器

(1) 试样制备

1. 试验材料:黏土、蒸馏水。

2. 试验仪器:烘箱、2 mm 标准筛、调土皿、刮土刀、有机玻璃容器(16 cm ×16 cm×6 cm)、振动台、砂纸(60 Cw)、密封袋、标签、凡士林等。

(2) 干燥试验

1. 自行设计的水稳性试验装置如图 5-3 所示。

2. 电子秤:称量 1 000 g,感量 0.01 g。

3. 其他:相机、单一光源、计时器等。

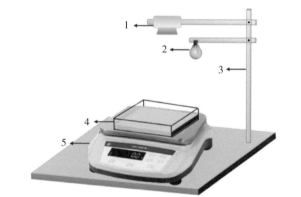

(1—相机,2—单一光源,3—可调节支架,4—试样,5—电子秤)

图 5-3　干燥试验装置示意图

5-4　试验操作步骤

本试验对不同厚度试样(1 cm、3 cm、5 cm)开展干燥试验,记录试验数据,对比分析不同试样厚度对黏性土干缩开裂特征的影响。

（1）试样制备

1. 取烘干粉碎，过 2 mm 筛的黏土若干备用。

2. 根据试验设计方案称量每个试样所需黏土、蒸馏水质量，精确至 0.01 g。

3. 将黏土、水倒入调土皿，用刮土刀充分搅拌至均匀泥浆样。

4. 选用与容器内径大小一致、规格为 60 Cw 的砂纸铺设在试验用有机玻璃容器底部来模拟自然界土层界面接触条件，在容器四壁均匀涂抹凡士林，以减少边界摩擦力产生的误差，将均匀泥浆样倒入有机玻璃容器内，并在振动台上震动 5 min，以排出泥浆内部的气泡。

5. 用密封袋密封试样，并静置 48～72 h，以便泥浆沉淀稳定，抽取表层多余清液，计算每个试样最终的含水率 w。

6. 按上述步骤制作平行样，以减小试验误差。

（2）干燥试验

1. 将试样置于恒定 25 ℃烘箱内进行干燥。

2. 在试验开始后，定时对试样进行称重、拍照，记录水分蒸发及裂隙发育过程，根据裂隙发育快慢，可适当缩短或延长记录时间间隔。

3. 当两次称重读数之差小于 1 g 时，认定试样干燥过程结束。

4. 利用数字图像处理技术对裂隙图像进行预处理，一般包括 3 个步骤：二值化处理、除噪处理、裂隙骨架提取，如图 5-4 所示。

(a) 裂隙网络　　　(b) 二值化处理　　　(c) 除噪处理　　　(d) 裂隙骨架提取

图 5-4　裂隙图像预处理过程

5. 裂隙网络识别完成后对裂隙各项几何参数进行统计分析，主要包括：

裂隙率、裂隙节点个数(节点是指裂隙的交点)、裂隙条数(两个相邻节点间为一条裂隙)、裂隙总长度、裂隙平均长度、裂隙平均宽度、块区个数(块区是指裂隙所围成的封闭区域)、各块区面积、分形维数等。

5-5 试验数据记录

含水率计算公式见式(5-1):

$$w = \frac{m_w}{m_d} \tag{5-1}$$

式中:w 为含水率(%);m_w 为水分质量(g);m_d 为干土质量(g)。

画出含水率-干燥时间关系曲线图,分析不同厚度条件下试样含水率变化规律,计算蒸发速率。

蒸发速率计算公式如式(5-2):

$$v = \frac{m_{t1} - m_{t2}}{\Delta t} \tag{5-2}$$

式中:v 为蒸发速率(g/h);m_{t1} 为 t_1 时刻电子秤瞬时读数;m_{t2} 为 t_2 时刻电子秤瞬时读数;Δt 为 t_1 和 t_2 的差值。基于蒸发速率变化规律,结合试样干缩裂隙发育形态,能够清晰归纳试样干缩开裂特征,有助于黏性土龟裂发育规律及机理的分析总结。

表 5-1 为厚度 1 cm 试样的试验记录表。

表 5-1 干燥试验水分蒸发记录表

试验名称	黏性土干缩开裂试验与评价		试样编号	
试验日期			试样厚度(cm)	
试验者			试样初始含水率(%)	
初始读数(g)		初始水量(g)	初始干土质量(g)	
观察时间(h)	电子秤读数 m_t(g)	读数差 $m_{ti} - m_{t(i-1)}$(g)	含水率 w(%)	蒸发速率 v(g/h)
2				
4				

续表

观察时间(h)	电子秤读数 m_t(g)	读数差 $m_{ti}-m_{t(i-1)}$(g)	含水率 w(%)	蒸发速率 v(g/h)
6				
8				
10				
12				
24				
36				
48				
...	...	...	...	...

表 5-2 为厚度 1 cm 试样干缩裂隙发育特征记录表。

表 5-2 干燥试验试样干缩裂隙发育特征记录表

试样编号	厚度(cm)	开裂特征

其他试样试验过程也依次记录试验数据,并根据数据绘图。

5-6 试验结果与分析

根据表 5-1 和表 5-2 的数据,可以得到相同初始含水率、不同厚度条件下,试样含水率随干燥时间的变化特征及试样开裂特征,从而分析试样干缩裂隙发育规律。

案例分析

一、土体含水率分析

在相同初始含水率、不同试样厚度条件下,试样的含水率-干燥时间关系曲线如图 5-5 所示。试验结果分析如下:

1. 不同厚度试样的含水率-干燥时间关系曲线变化趋势相似,主要可分为三个阶段:①线性减小阶段(直线段);②非线性减小阶段(曲线段);③稳定阶段(水平段)。在第一阶段,试样含水率较高,其内部水分能持续补给到试

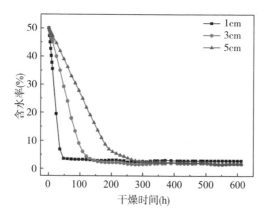

图 5-5　不同厚度试样含水率-干燥时间关系曲线

样表面(蒸发面),因此该阶段试样含水率呈线性减小,并且历时较长。随着干燥的进行,试样含水率逐渐下降,当其下降至一定值时,含水率变化进入第二阶段,即非线性减小阶段,试样含水率减小速度在该阶段开始变慢,且该阶段持续时间较短,主要是由于该阶段试样含水率较低,试样内部没有充足的自由水补给到蒸发面。第三阶段,试样含水率逐渐趋于平缓,最终稳定为一定值,即残余含水率。

2. 随试样厚度增加,含水率-干燥时间关系曲线逐渐右移,含水率线性减小阶段(直线段)斜率越缓,含水率非线性减小阶段(曲线段)持续时间越长。厚度为 1 cm、3 cm、5 cm 的试样干燥稳定时间分别约为 50 h、160 h、300 h,5 cm 厚度试样达到稳定阶段所需时间比 1 cm 厚度试样延长了约 6 倍。究其原因,主要是在相同初始含水率条件下,试样厚度越大,试样所含水分质量越大,水分能持续不断地运移至试样表面以维持蒸发。

二、土体蒸发速率分析

在相同初始含水率、不同试样厚度条件下,试样的蒸发速率-干燥时间关系曲线如图 5-6 所示。试验结果分析如下:

1. 不同厚度试样的蒸发速率-干燥时间关系曲线变化趋势相似,近似呈阶梯形,一般可分为三个阶段:①常速率蒸发阶段,试样蒸发速率维持在一定值(初始蒸发速率),蒸发速率-干燥时间关系曲线基本维持水平;②减速率蒸发阶段,当干燥进行至某一时刻,蒸发速率开始下降;③残余蒸发阶段,随干

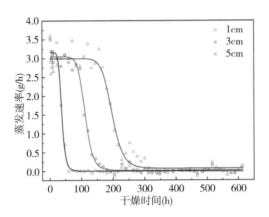

图5-6　不同厚度试样蒸发速率-干燥时间关系曲线

燥时间进一步延长,蒸发速率逐渐降低至某一定值(接近0),蒸发干燥结束。

2. 随试样厚度增大,试样在常速率蒸发阶段的初始蒸发速率逐渐减小,且该阶段持续时间相对延长。厚度分别为1 cm、3 cm、5 cm的试样对应的初始蒸发速率分别约为3.3 g/h、3.1 g/h、3.0 g/h,其中5 cm厚试样初始蒸发速率比1 cm厚试样低约0.3 g/h。

三、土体表面最终裂隙形态分析

在相同初始含水率、不同试样厚度条件下,试样表面最终裂隙形态如图5-7所示。试验结果分析如下:

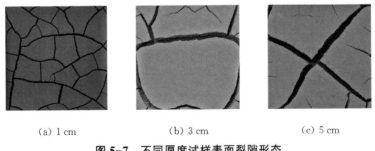

(a) 1 cm　　　　　　(b) 3 cm　　　　　　(c) 5 cm

图5-7　不同厚度试样表面裂隙形态

1. 试样厚度对裂隙网络形态存在影响。厚度为1 cm试样表面裂隙网络将试样分割为三角形、四边形与五边形块区,各块区面积差异不大,裂隙宽度、长度等较为一致,主裂隙与次级裂隙形态差异不显著。厚度为3 cm试样与厚度5 cm试样表面的裂隙网络主要由少数条明显较为宽大的主裂隙与垂直于主裂隙及容器边界发育的若干条次级裂隙组成,其中,主裂隙粗而长,次级裂隙细而短。

四、土体裂隙网络几何参数定量分析

在相同初始含水率、不同试样厚度条件下,试样干燥稳定后裂隙网络几何参数定量分析结果如表 5-3 和图 5-8 所示。试验结果分析如下:

1. 试样厚度变化对试样表面裂隙几何参数会产生明显影响。其中节点个数、裂隙条数、裂隙总长度及块区个数随试样厚度增大而减小;裂隙平均长度、裂隙平均宽度及平均块区面积随试样厚度增大而增大。

表 5-3　试样裂隙几何参数定量分析结果　　　　　单位:像素

试样厚度 (cm)	节点 个数	裂隙 条数	裂隙总 长度	裂隙 平均长度	裂隙 平均宽度	块区 个数	平均 块区面积
1	75	87	10 991.66	126.34	13.11	44	24 851.72
3	29	24	5 260.72	219.20	24.37	21	46 744.57
5	21	15	4 024.80	268.32	25.19	8	122 332.12

2. 图 5-8(a)显示了试样裂隙率随试样厚度的变化情况。如图 5-8(a)所示,随试样厚度增大,其表面裂隙率逐渐提高。究其原因,主要是基材厚度增加,裂隙发展空间增大,裂隙沿垂向上的发展会进一步导致裂隙在横向上扩展,最终导致其表面裂隙率随试样厚度增加而逐渐增大。

3. 图 5-8(b)显示了试样分形维数随试样厚度的变化情况。如图 5-8(b)所示,随试样厚度增大,其表面裂隙分形维数逐渐增大,即试样厚度越大,其表面裂隙网络形态的复杂程度与不规则性越高。

4. 图 5-8(c)显示了裂隙平均长度随试样厚度的变化情况。如图 5-8(c)所示,试样表面裂隙平均长度与平均宽度随试样厚度增大而增大,当试样厚度由 1 cm 增至 5 cm 时,裂隙平均长度由 126.34 像素增至 268.32 像素,提高了 2.1 倍。

5. 图 5-8(d)显示了裂隙平均宽度随试样厚度的变化情况。如图 5-8(d)所示,试样表面裂隙平均宽度随试样厚度增大而增大,当试样厚度由 1 cm 增至 5 cm 时,裂隙平均宽度由 13.11 像素增至 25.19 像素,提高了 1.9 倍。

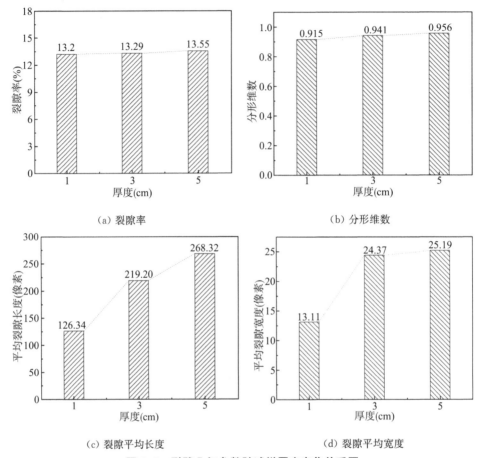

（a）裂隙率

（b）分形维数

（c）裂隙平均长度

（d）裂隙平均宽度

图 5-8　裂隙几何参数随试样厚度变化关系图

5-7　思考题

1. 结合图 5.1-1,请分析土体的厚度与其发生龟裂的关系。

2. 请结合生产实际,分析土体发生龟裂的主要原因。

3. 试分析解决土体干缩开裂问题对提升防灾减灾能力所具有的重要意义。

4. 请结合图 5.1-2 分析土体龟裂会对工程建设活动产生哪些危害。

5. 结合土体龟裂随土体含水率变化的动态发育特征,分析其对研究者设计节水灌溉系统有何启示。

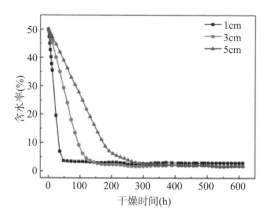

图 5.1-1　不同厚度试样含水率-干燥时间关系曲线

图 5.1-2　土体龟裂图片

5-8　视频资料

5-9　参考文献

［1］黄兰华,赵宁宁,戴承江,等.黄原胶复合掺砂黏性土抗裂性能及其机理研究[J].河北工程大学学报(自然科学版),2022,39(03):23-29.

［2］喻永祥,闵望,宋京雷,等.剑麻纤维复合黏性土裂隙发育特征及其机理研究[J].矿产勘查,2021,12(06):1448-1454.

［3］何戏龙,宋京雷,理继红,等.干湿循环条件下有机聚合物复合黏土保水与开裂特性研究[J].河北工程大学学报(自然科学版),2021,38(02):31-37.

［4］宋京雷,何伟,郝社锋,等.岩质边坡表层黏性客土抗裂特性试验研究[J].水文地质工程地质,2021,48(03):144-149.

第6章

土体表面抗侵蚀
特性试验

6-1　试验目的与意义

在降雨作用下,雨水的溅蚀、冲刷和入渗都会对坡面的稳定性产生不利的影响。一方面,雨水会对坡面产生溅蚀作用,雨水的冲击作用会转化为对坡面表面颗粒的瞬时压应力,造成土体结构破坏,使地表产生紊流,增强分散土粒的搬运;同时,溅散的细粒,堵塞土壤孔隙,阻滞降水入渗,增加地表径流及其侵蚀冲刷力。在宏观上即表现为坡面在降雨作用形成溅蚀坑,土体结构遭到破坏,弱化坡面的防护效果;并且,当雨水在坡面形成水流会产生冲刷作用,水流破坏土体结构,造成土体颗粒分离,并裹挟土体颗粒一起沿坡面流动,造成水土流失,在坡面上形成许多深浅不等的密布冲沟。另一方面,雨水入渗会增加岸坡土体的黏聚力和进一步降低内摩擦角,影响岸坡稳定性。因此,有必要对土体抗侵蚀机理开展科学研究,以减少土体冲刷破坏的危害。

为探究不同条件下黏性土冲刷破坏的变化规律,本试验对不同坡度的土体进行抗侵蚀特性试验,观察描述土样冲刷破坏过程,记录冲刷产物质量,计算土体流失速率,绘制土体流失速率-时间曲线,从而分析土体抗侵蚀特性的变化规律。为土体的冲刷破坏的机理研究和防治提供一定的参考依据。

6-2　试验原理

坡面冲刷过程包括降雨溅蚀和径流冲刷引起的土颗粒分离、泥沙转移和沉积。降雨初期,雨水落到相对比较干燥的土表面,因土颗粒间隙有空气充填,土粒还来不及吸取雨水,细小土粒只随雨水散开,但仍保持原来的结构;随着降雨时间的延长,表层土空隙充填的水分逐渐增多,并继续接受雨水的冲击、震荡致使土结构被破坏,当其土表层水分增加到过于饱和程度后,土即成为稀泥状态,泥浆受雨水冲击,将以稀泥状态溅散;降雨过程继续延长,土表层的泥浆将阻塞土孔隙、妨碍水分继续下渗,形成泥浆状的地表浑浊径流,造成地表土粒均匀流失。

在此过程中,雨水冲击土表面,使土粒分散、破坏、迁移,土体结构遭破坏,为后续的径流搬运提供了丰富的松散颗粒;雨水冲击,引起径流紊动,增加了径流的动能,可使径流挟沙能力大大提高;雨水长时间的冲刷,会产生大量泥浆细粒物填塞土空隙,从而降低了土的渗透性,雨水落地后即转化为径流,增大了溅蚀与坡面径流的联合侵蚀作用,加剧了坡面的冲刷。在土体冲刷的过程中,每分钟对土样的冲刷质量进行记录,就能计算出土样的冲刷量与土体流失速率,结合试验过程中对土样冲刷形式的描述,以此对不同坡度条件下土样抗侵蚀特性的变化规律进行分析,并结合扫描电镜技术观察分析其变化机理。

6-3 试验材料与仪器

(1) 试样制备

1. 试验材料:土体、水。

2. 试验仪器:模型装置包括供水装置、坡面模拟装置和接收装置。供水装置是有机玻璃板组成的水槽,水流经过中间的挡板后从下端出水口流出,出水口前端采用类梳状装置对水分流,以形成均匀面流。供水流量通过控制阀门和流量计来控制,设计的流量为 3.5 L/min。坡面模拟装置是由有机玻璃板组成的水槽,长度为 90 cm,宽度为 29 cm,高度为 12 cm。在坡面模拟装置的前端即为接收装置,前窄后宽,用以收集坡面流失的水土。

(2) 土体冲刷试验

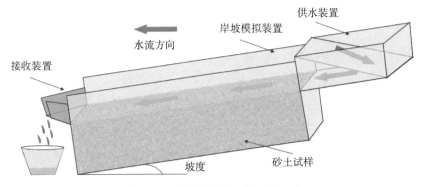

图 6-1 土体冲刷试验装置示意图

6-4　试验操作步骤

本试验主要针对不同坡度(10°、20°和30°)的土样进行抗侵蚀特性测试试验,并对试验数据进行记录分析。

(1)试样制备

1. 根据设计坡度值调整坡面模型高度。

2. 将备好的土体约 44 kg 分 3 次装入并击实,控制密度为 1.45 g/cm³,含水率为 10%。

3. 在容器中养护 48 h。

(2)水稳性测试试验

1. 将装置按照设计坡度搭建,完成试样制备及养护。

2. 打开供水装置并开始计时,每分钟测记一次坡面形成的冲刷量。

3. 冲刷时间为 40 min,根据坡面冲刷情况可适当延长冲刷时间。

4. 试验中用相机拍摄记录坡面的破坏过程。

5. 根据其他设计坡度调整试验装置,并按以上步骤再次进行试验。

6-5　试验数据记录

土体流失速率应按式(6-1)计算:

$$V = \frac{M_t}{\Delta t} \tag{6-1}$$

式中:V 指土体流失速率;M_t 指 t 时间收集冲刷量;Δt 表示单位时间,即 1 min。根据土体流失速率的变化结合试样冲刷形态的描述,能够更清晰地归纳试样冲刷规律,有助于土体表面抗侵蚀机理的分析总结。画出土体流失速率-时间曲线图,分析不同条件下土体抗侵蚀特性的变化规律。

表 6-1 为坡度 30°、初始含水率 10%、初始干密度 1.45 g/cm³ 的试验记

录表。

其他试样试验过程也依次记录试验数据,并根据数据绘图。

表 6-1 冲刷测试试验土体流失速率记录表

试验名称		土体表面抗侵蚀特性试验		试样编号	03
试验日期			流量(L/min)		3.5
试验者			坡度(°)		30
试样干密度(g/cm³)		1.45	试样初始含水率(%)		10
记录时间 (min)	电子秤读数 m(g)	记录时间 (min)	电子秤读数 m(g)	记录时间 m(g)	电子秤读数 m(g)
1					
2					
3					
...					
20					

6-6 试验结果与分析

根据表 6-1,可以得到坡度为 $10°$、$20°$ 及 $30°$ 条件下,试样的土体流失速率与时间的变化关系,从而分析不同条件下土体抗侵蚀特性的变化规律。

案例分析

一、土体抗侵蚀特性分析

不同坡度下改良土体坡面在水流冲刷作用下土体流失速率与时间的关系如图 6-2 所示。不同坡度下土体坡面形成冲蚀初始时间如图 6-3 所示。试验结果分析如下:

1. 由图 6-2 可知,坡度变化对土体流失速率曲线形态未有显著影响,均呈现先增加再减小,最后趋于稳定的变化趋势。

2. 由图 6-3 可知,土体坡面形成冲蚀初始时间随坡度增加显著减小。

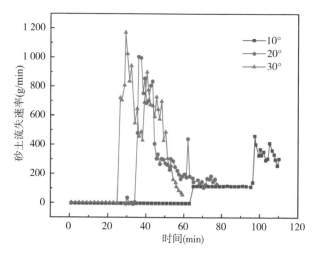

图 6-2　不同坡度下土体坡面土体流失速率与时间的关系

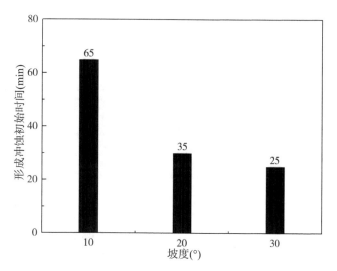

图 6-3　土体坡面形成冲蚀初始时间与坡度的关系

二、土体侵蚀破坏特征分析

不同坡度下土体坡面在水流冲刷作用下的破坏过程如图 6-4 所示。试验结果分析如下：

1. 当坡度为 10°时，大部分水流沿坡面流动，仅观察到小部分水流向下渗透。随着时间增加，在坡面右侧靠近坡脚的位置形成明显的侵蚀孔，水流沿该侵蚀孔向下渗透,对坡脚产生压力,最终产生破坏,水土迅速流失,土体流失率约在 150 g/min。由于靠近坡脚位置形成有效的侵蚀通道,在水流作用下,该侵蚀断面逐渐后退,向坡顶位置靠近。当侵蚀通道贯穿整个坡面时,土体流失速率迅速增加,并随着时间增加逐渐降低并趋于稳定。最终在坡面左侧形成一条明显的冲沟,深约 7 cm,宽约 8 cm,有近 30% 的坡面被破坏,坡面冲刷破坏情况较严重。

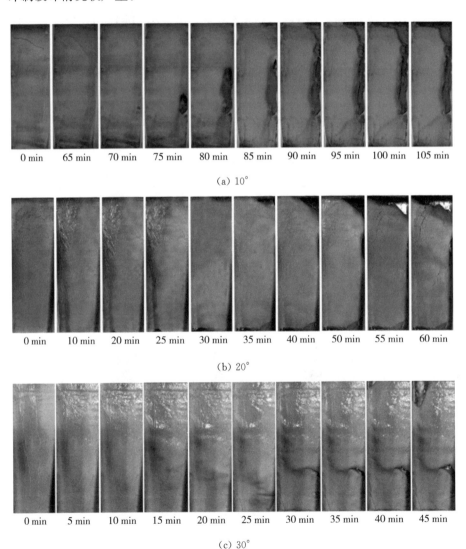

图 6-4　不同坡度下改良土体坡面冲刷破坏过程

2. 当坡度为 20°时,土体坡面在第 20 min 时于坡脚位置形成了孔洞,但此时未观察到土体流失。随着时间增加,在坡顶位置形成了向下渗漏的通道。水流沿着渗漏通道直接流向下部土体,形成渗透破坏;并且坡脚位置的孔洞在水流的掏蚀下逐渐变大,产生水土流失。随着时间增加,水流裹挟的土体运动趋势增强,与坡脚位置的空洞连接,形成贯通的侵蚀路径,水土流失速率迅速变大,最高可达 1 000 g/min。随着侵蚀路径趋于稳定,水土流失速率逐渐降低。此后,水流沿着形成的侵蚀痕迹逐渐向下、向侧边拓宽侵蚀路径。此外,由于此时坡度较大,土体更容易随水流产生运移。在水流冲刷作用下,下部的土体几乎完全被水流带走,露出模型底面。

3. 当坡度为 30°时,土体坡面在坡顶形成渗漏通道,有小部分水流沿着此通道逐渐向下渗透,当下部土体饱和后,随水流向下移动堆积,对坡脚产生压力。当水流和携带的土体的运动趋势达到一定程度时,在坡脚位置产生破坏,泥沙涌出,土体流失速率迅速提高,试样表面也随下覆土体流失向下塌陷,并与未塌陷部位形成裂缝。随着时间增加,水流沿模拟坡面左侧形成有效的侵蚀路径,靠近坡脚位置的土体迅速流失。由于坡度显著提高,土体在水流作用下大量流失,土体流失速率约为 700~1 000 g/min。随着水流冲刷的持续作用,沿侵蚀路径的土体几乎全部流失,露出模型底面。由此可知,坡度较大时,土体自身结构不稳定,在水流作用下被裹挟、侵蚀,随水流产生运移,导致土体大量流失。

6-7　思考题

1. 请描述一下降雨是如何侵蚀土体表面的。

2. 结合土体冲刷试验装置示意图 6.1-1,简述坡度对土体冲刷侵蚀的过程。

3. 如何提高土体的抗侵蚀特性?

4. 雨水长时间浸泡土体,水的渗入是如何破坏土体强度的?

5. 图 6.1-2 所示目前我国水土流失严重,造成了极大的经济损失,试探究如何减轻水土流失?

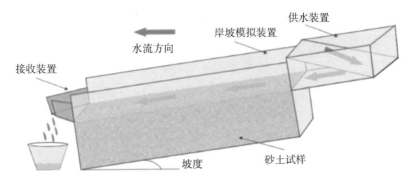

图 6.1-1　土体冲刷试验装置示意图

图 6.1-2　水土流失

6-8　视频资料

6-9　参考文献

[1] 吴忠,刘瑾,何勇,等.高分子固化剂-植被复合改良砂土抗冲刷特性[J].水利水电科技进展,2021,41(05):28-33+70.

[2] 马晓凡,张晨阳,刘瑾,等.含砂量对黄原胶复合黏性土抗裂和抗冲刷性能的影响[J].水利水电科技进展,2023,43(04):59-66+78.

[3] 何承宗,赵岩,刘瑾,等.XYY型生物聚合物改良黏土抗开裂及抗冲刷特性研究[J].河北工程大学学报(自然科学版),2022,39(02):31-38

第7章

土体植被生长特征与
评价试验

7-1　试验目的与意义

植被,指地球表面某一地区所覆盖的植物群落,可分为自然植被和人工植被。植被在土壤形成过程中有重要作用。在不同的气候条件下,各种植被类型与土壤类型间也呈现出密切的关系。植物根系对岩土体具有加固效应,提高土壤的抗腐蚀性。可以防止土壤出现水土流失,防止土体被风化、石化、沙漠化。同时,植被能够改善土体,锁住养分,植物的枯叶经过腐烂后会变成养分,同时根系分泌物对难溶钾及土壤硒和重金属具有活化作用,植被通过光合作用产生的氧气,也将通过根系深入土壤,使土壤群落中的生物、菌体分解有机质,促进养分形成。

植被生长是实现岸坡生态防护的重要环节,一方面,植被长成后可以降低降雨和地表径流对岸坡的侵蚀,并且植被根系深入下覆土体,可以提高土体稳定性和强度;另一方面,植被可以美化环境,提高水体自净能力,对于生态防护意义重大。

本试验通过在砂土中培育植被,记录一个月内植被生长状况,并对植被生长覆盖后的砂土进行降雨冲刷试验得到土体的破坏状况,从而进一步评价植被生长状况,为土体植被护坡和边坡治理提供一定的参考依据。

7-2　试验原理

(1) 种子萌芽、植被生长阶段

水分是种子萌发的首要条件。种子在萌发之前必须吸足一定量的水分,才有可能使种子中一部分贮藏物质变为溶胶,同时使酶活化或合成起到催化作用。种子发芽要求一定的温度,这与酶的作用对温度有一定的要求有关。温度低反应就减慢或停止,随着温度增高,反应开始加快。但酶本身是蛋白质,温度过高酶本身将受到破坏而失去活性。种子在贮藏期间进行微弱的呼吸,只需少量氧气,但在发芽时,呼吸作用特别旺盛,这时酶的活动、某些生化过程的进行、激素的合成等均需氧气。

植被生长需要条件有水分、光照、温度、空气、土壤。水分是植物中细胞构成的最主要物质,能够促进物质在细胞之间的流通,同时也能够为整个机体的生命活动提供一定的能量。空气湿度也是水分的一种具体表现,较高的湿度能够减弱蒸腾作用,避免水分流失过多。光照是植物生存的必要条件,它能够促进光合作用的正常进行,确保水分、二氧化碳、叶绿素的合成,保证叶片和花朵的生长和发育,颜色也能够更加鲜艳、明亮,并且也会起到一些升高温度的作用,避免阻碍生长速度。温度是促进植物生长的条件之一,温带、热带的植物,抗寒能力会相对较弱,需要较高的温度,才能保证正常的生长,不会出现冻伤的现象。而有一些植物的耐高温能力较弱,高温会导致处于休眠状态,生长速度变得迟缓。空气也是植物在生长过程中不可缺少的物质,空气中的氮元素容易被土壤吸收,也很容易被植物的根系吸收,对生长起到促进作用,氧气和二氧化碳是维持光合作用和呼吸作用的重要保障,碳元素也能促进有机物质的合成。土壤是植物根系生长所依赖的环境,营养物质、矿物质、腐殖质含量充足,排水和透气性较高的土壤,有利于植株的生长,也能够起到固定植物、保温保湿的作用,土壤中还含有大量的微生物,能够分解营养物质,确保土地更加肥沃。

在植被进入生长阶段后,需要每隔五天记录一次植被生长高度 H(cm),并计算五天内的平均日增长速率 v_g (cm/d)。

$$v_g = \frac{H_1 - H_2}{t} \tag{7-1}$$

式中:H_1、H_2 分别为两次记录的植被生长高度;t 为两次记录的相隔时间。

(2) 模拟降雨冲刷阶段

降雨冲刷过程包括降雨溅击和径流冲刷引起土颗粒分离、泥沙转移和沉积,其中径流冲刷占据主导地位。降雨溅击是形成冲刷的最初形式。当雨滴平均落速达到一定值时,土颗粒受到侵蚀而溅起,又分为干溅阶段、泥溅阶段和层状侵蚀阶段。雨滴落速继续增大到一定程度时,在坡度较陡的坡面上,会形成水深较浅的沟状径流。并随着水流的继续增大,向下不断地将侵蚀土壤分离、游离成泥沙。

本试验将降雨量设置为 1.25 L/min(降雨强度 >10 mL/min,为特大暴雨情况),时间为 20 min,以对试验坡面造成不同程度的破坏。试验过程中每分钟测记一次坡面形成的冲刷量,必要时可适当延长冲刷时间,并计算砂土流失速率 v_s(单位 g/min)。

$$v_s = \frac{m}{t} \tag{7-2}$$

式中: m 为冲刷一分钟流失的砂土质量; t 为时间。

7-3　试验材料与仪器

(1) 植被生长试验需要砂土、PU 盒、植被种子(狗牙根和黑麦草以 1:1 的比例混合)、水、直尺、天平。

(2) 模拟降雨冲刷试验采用的装置图如图 7-1 所示,由降雨模拟装置、支撑框架、收集装置和坡度可调节装置组成。

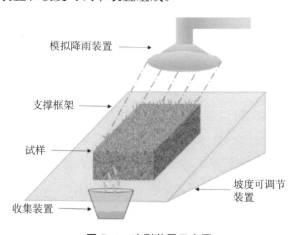

图 7-1　冲刷装置示意图

7-4　试验步骤

(1) 制备试样

1. 用天平称取 2 000 g 的砂土。

2. 将 PU 透明盒(长 20.2 cm×宽 13.6 cm×高 7.5 cm)清洗干净,将砂

土装入 PU 透明盒中,将砂土表面整平。

3. 称取 6 g 植被种子(狗牙根和黑麦草以 1:1 的比例混合)。

4. 将种子均匀地播撒在砂土表面并整平。

(2) 植被生长试验

自试样制备好当天起 5 d 后每天浇水 100 mL,并测记植被生长高度、记录植被生长状态,如图 7-2 所示。

第7天　　　第10天　　　第15天　　　第20天　　　第25天　　　第30天

图 7-2　植被生长试验

(3) 模拟降雨冲刷试验

在植被生长试验进行到第 30 d 时,对试样进行降雨冲刷试验,研究砂土与植被联合作用下坡面的抗冲刷性能。试验具体步骤如下:

1. 将土盒放在支撑框架上,并将坡度调节为 20°。

2. 打开降雨模拟装置,将降雨量设置为 1.25 L/min。

3. 用收集装置收集被冲刷下来的砂土。

4. 试验过程中记录坡面每分钟形成的冲蚀量。

5. 用相机记录试样表面在降雨冲刷下的破坏过程,如图 7-3 所示。

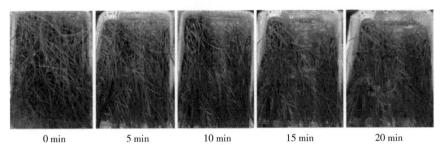

0 min　　　5 min　　　10 min　　　15 min　　　20 min

图 7-3　降雨模拟冲刷过程

7-5 试验数据记录

表 7-1 植物生长试验数据

试验名称	土体植被生长试验	试样编号	
试验日期		砂土质量(g)	
试验者		坡度(°)	
生长时间 (d)	生长高度读数 (cm)	平均日增长速率 (cm/d)	生长情况描述
5			
10			
15			
20			
25			
30			

表 7-2 模拟降雨冲刷试验数据

冲刷时间(min)	冲刷量(g/min)			
1-5				
6-10				
11-15				
16-20				

7-6 试验结果与分析

根据表 7-1 和表 7-2 试验所测得的数据,可以探测不同生长时间和冲刷时间下植物高度和砂土冲刷量,从而分析植被生长情况和砂土流失规律。

案例分析

一、植被生长情况分析

如图 7-4 所示,根据监测的试验数据,记录植被生长 5 d、10 d、15 d、20 d、25 d 和 30 d 情况下的植被高度和生长情况。试验结果分析如下:

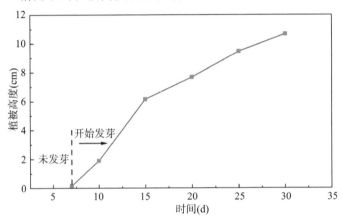

图 7-4　植被生长试验数据图

1. 植物生长在 10~15 天期间生长速度最快,达到了 0.84 cm/d 的平均生长速率,之后生长速度逐渐减慢并趋于平缓,稳定在 0.3 cm/d 的平均生长速率。

2. 由于坡面稳定性较差,在降雨冲刷下土样立即被破坏,形成砂土流失。由模拟降雨冲刷试验数据可知,砂土流失速率随时间变化逐渐减小,这是因为一方面降雨对试样表面产生溅蚀作用,导致砂土颗粒变得分散,随后降雨形成坡面流后会产生径流冲刷,并裹挟这些砂粒一起流动,造成砂土流失。此时,坡面上的植被会在一定程度上弱化降雨作用。

二、模拟降雨下砂土流失速率分析

如图 7-5 所示,记录不同冲刷时间下砂土平均流失速率。试验结果分析如下:

1. 砂土平均流失速率约在 6 min 时到达稳定,大致稳定在 80 g/min。这是由于随着时间增加,植被在降雨作用下倒伏,方向不一,但整体上沿着水流的方向产生倒伏。此时,由于植被倒伏在坡面上相当于形成保护层,降雨直接作用在植被上,对下覆坡面起到很好的保护效果。

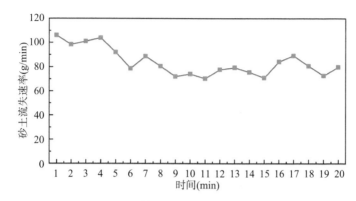

图 7-5 模拟降雨冲刷试验数据图

2. 同时,由于植被整体上沿水流的方向倒伏,导致坡顶的砂土直接裸露并承受降雨作用。由于植被的这种变化,坡面上主要是坡顶位置的砂土被降雨继续溅蚀、冲刷,并且降雨形成的水流直接沿倒伏的植被流下,如图 7-3 中第 10 min 和 15 min 的坡面形态。砂土试样表面破坏较为严重,在坡顶位置形成明显的侵蚀痕迹,试样的高度明显降低。

7-7 思考题

1. 结合图 7.1-1 分析植被在生态防护中的作用。

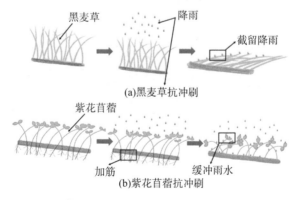

图 7.1-1 不同植物的抗冲刷效果

2. 植被生长需要考虑哪些因素?

3. 降雨冲刷如何影响边坡稳定性？

4. 植被如何实现降雨作用的弱化？

5. 结合模拟降雨冲刷试验过程(图7.1-2)，评价植被生长对生态防护的意义。

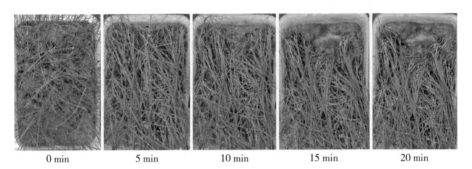

| 0 min | 5 min | 10 min | 15 min | 20 min |

图 7.1-2　模拟降雨冲刷试验过程图

7-8　视频资料

7-9　参考文献

[1] 宋泽卓,刘瑾,梅红,等.黄原胶-黏土复合基材岩坡生态修复试验研究[J].中南大学学报(自然科学版),2023,54(05):1978-1989.

[2] 吴忠,刘瑾,何勇,等.高分子固化剂-植被复合改良砂土抗冲刷特性[J].水利水电科技

进展,2021,41(05):28-33+70.

[3] 刘瑾,张达,汪勇,等.高分子稳定剂生态护坡机理及其应用[J].地球科学与环境学报,2016,38(03):420-426.

[4] 梅红,胡国长,王禄艺,等.边坡植被固土抗冲刷特性及其护坡机理研究[J].河北工程大学学报(自然科学版),2022,39(04):86-91.

[5] 喻永祥,郝社锋,蒋波,等.基于聚氨酯复合基材的岩质边坡客土生态修复试验研究[J].水文地质工程地质,2021,48(02):174-181.

[6] Bu F,Liu J,Bai Y,Prasanna Kanungo D,et al. Effects of the preparation conditions and reinforcement mechanism of polyvinyl acetate soil stabilizer. Polymers. 2019;11(3):506.

[7] Song Z,Liu J,Bai Y,et al. Laboratory and field experiments on the effect of vinyl acetate polymer-reinforced Soil. Applied sciences. 2019,9(1):208.

[8] Bai Y,Liu J,Xiao H,et al. Soil stabilization using synthetic polymer for soil slope ecological protection. Engineering geology. 2023,321:107155.

[9] Song Z,Liu J,Yu Y,et al. Characterization of artificially reconstructed clayey soil treated by polyol prepolymer for rock-slope topsoil erosion control. Engineering Geology,2021,287(4):106114.

第8章

生态客土基材剪切面
剪切控制试验

8-1 试验目的与意义

裸露岩坡在日积月累的物理及化学作用影响下,表面岩体会变得不稳定,甚至破碎,形成危险的软弱结构面,如不加以防护,可能酝酿成严重的地质灾害隐患。常用的"灰色"护坡技术在工程成本、施工难易程度、生态环保性及美观性等方面难以同时兼顾,同可持续发展及"绿水青山"的观念相违背。因此,此类工程问题急需开发一种能兼顾边坡稳定性与生态保护性的生态护坡技术。

客土喷播的原理是将复合生态基材土通过高压土体喷播机械喷播到需要治理的岩质边坡上,为植物生长提供了足够的环境条件支撑,利用岩体结构面较复杂的结构特性和植物根系的锚固作用对岩质边坡的生态修复,达到增加客土基材强度、抗冲刷能力及水稳能力的目的。但在修复过程中,客土基材与结构面稳定性是客土护坡过程中亟需关注的重要问题,若土体与岩体界面受到的剪应力大于其本身抗剪强度,势必会引起客土层沿结构面整体滑移,导致滑坡、泥石流等地质灾害发生(图8-1)。客土基材与岩体接触面形成的二元结构体,力学性质与单一结构体不同,相比土质边坡与岩质边坡,在强度分析上需要更深入的研究。

图8-1 客土基材局部脱落

生态基材与岩体接触面的力学特性一般与岩石界面的起伏状态,也就是粗糙度,以及基材本身的性质有关。因此,从影响生态客土基材与岩体接触面的力学特性的主要因素设计以下试验:(1) 通过剪切面剪切控制试验研究各加固材料含量、界面粗糙度及法向应力对生态基材-岩面剪切强度的影响；
（2）通过 SEM 扫描电镜试验研究了微观上生态黏结剂的加固机理。研究成果
对丰富生态护坡技术方法及岩土体接触面力学特性研究有重要的指导意义。

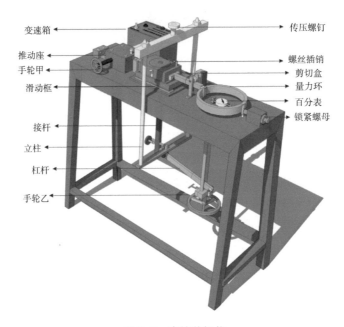

变速箱　推动座　手轮甲　滑动框　接杆　立柱　杠杆　手轮乙

传压螺钉　螺丝插销　剪切盒　量力环　百分表　锁紧螺母

图 8-2　直接剪切仪

8-2　试验原理

黏土颗粒细小,不易破碎,特别是覆盖于裸露岩坡上的黏土质客土基材,
其主要受重力作用,发生的破坏大多为剪切破坏。当土体与岩体结构面受到
的剪应力大于其本身抗剪强度,势必会引起客土层沿结构面整体滑移,发生
滑坡、崩塌及泥石流等灾害。

土的抗剪强度是土受到外力作用时,其一部分土体对于另一部分土体滑
动时所具有的抵抗剪切的极限强度。该试验是将同一种土的几个试样分别
在不同的垂直压力作用下,沿固定的剪切面直接施加水平剪力,得到破坏时
的剪应力,然后根据库仑定律,确定土的抗剪强度指标:内摩擦角和黏聚力。

直接剪切试验是用直接剪切仪(图 8-2)对土样做剪切试验,从而测定土

抗剪强度指标的一种试验方法。土样置于直剪仪的固定上盒和活动下盒内。试验时先在土样上施加垂直压力,然后对下盒施加水平推力,上下盒之间的错动使土样受剪破坏。确定某一种土的抗剪强度通常采用 4 个土样,在不同的垂直压力作用下测出相应的抗剪强度。

对于符合莫尔-库仑破坏准则的纯土试样,可计算得到黏聚力和内摩擦角等剪切力学性能参数,计算公式为:

$$\tau = c + \sigma\tan\varphi \tag{8-1}$$

式中:τ 为抗剪强度(kPa);c 为黏聚力(kPa);σ 为法向应力(kPa);φ 为内摩擦角(°)。黏聚力用来描述同相颗粒间的黏结特性,表征无法向应力下黏土体的剪切强度;内摩擦角用来描述同相颗粒间的接触摩擦特性。客土基材与岩体形成二元接触结构,对基材-岩体剪切面进行剪切控制试验,如果各级法向应力下试样抗剪强度随法向应力呈近似线性增长,说明试样的剪切破坏符合莫尔-库仑破坏准则。可引入黏聚力与内摩擦角分析接触面的概念用来定量分析接触面间异相颗粒的黏结特性和接触摩擦特性。

8-3 试验材料与仪器

(1) 试样制备

1. 试验材料:粉质黏土、水、425 水泥、聚醋酸乙烯酯型生态黏结剂。

2. 试验仪器:调土皿、刮土刀、直剪试样模具(底面直径 6.18 cm,高 4 cm)、亚克力模块、凡士林、烘箱、剑麻纤维、生态黏结剂、电子秤、滤纸、千斤顶及相关辅助仪器。

(2) 剪切面剪切控制试验

仪器主要部分包括(如图 8-3 所示):

1. 剪切传动系统。

2. 试样控制系统,包括传压板、透水石、剪切盒和放置内部的试样等。

3. 测力系统。

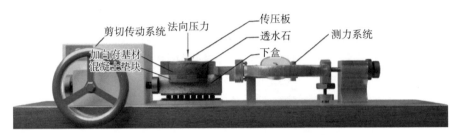

图 8-3　剪切面剪切控制试验装置

8-4　试验操作步骤

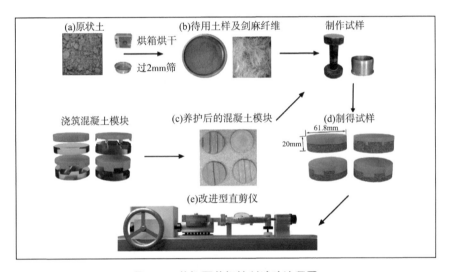

图 8-4　剪切面剪切控制试验流程图

试验的主要流程如图 8-4 所示。本试验进行不同接触面粗糙度（0 mm、1.5 mm、2.5 mm）与不同黏结剂含量（0％、0.5％、1％、2％）进行正交的生态客土基材剪切面剪切控制试验，并对试验数据进行记录分析，结合 SEM 试验揭示不同变量下基材剪切面的剪切力学性能。

（1）试样制备

1. 取过 2 mm 筛孔的烘干后的粉质黏土若干备用。

092

2. 生态黏结剂含量采用 0、0.5%、1%、2% 四个变量，界面粗糙度 R 取 0 mm、1.5 mm、2.5 mm、6 mm 四个变量，土样含水率及干密度取 25% 及 1.8 g/cm³。根据上述设计配比分别称取试验用土、水、生态黏结剂，并浇筑预制混凝土模块。

3. 将黏土倒入调土皿与黏结剂混合均匀，再倒入蒸馏水，用刮土刀搅拌均匀。将相应规格的混凝土模块置于底部，重塑土置于上部，置于专用压实设备中压实。

4. 稳定三分钟后，用取土器取出试样。制得高 20 mm，直径 61.8 mm，基材密度 1.8 g/cm³，含水率 25% 的直剪样。

5. 将制得直剪样置于 25 ℃ 恒温箱内湿养 48 h。

(2) 剪切面剪切控制试验

1. 试验前检查仪器完整性。具体包括对剪切盒内壁涂抹凡士林，减小内壁与混凝土垫块的摩擦力对试验结果的影响，读数指针是否贴合，钢珠数量是否齐全以及读书表是否归零等。

2. 安装试样。安装前先将透水石和滤纸放入剪切盒下盒内，生态客土基材与混凝土试样在养护 48 h 后按照试验方法放入上下剪切盒，上下盒对齐后插入销钉固定。

3. 施加法向应力。每次试验通过法向应力施加装置为试样分别施加 100 kPa、200 kPa、300 kPa 及 400 kPa 的作用力。

4. 读取数据。将改良后的直剪仪剪切速率设置为 1.2 mm/min，剪切强度数据记录方式为记录手轮每转一圈在同一位置时的剪应力数值表，读数至手轮停止，此时试样已被剪切破坏。

8-5　试验数据记录

通过改进型直剪试验对生态客土基材-岩面的剪切力学特性进行研究，得到试验变量：黏结剂含量 P，接触面粗糙度 R 和接触面各抗剪强度指标间的关系。试验部分数据如表 8-1 所示：

表 8-1 剪切控制试验参数记录表

试样编号	黏结剂浓度（%）	模块粗糙度	各级法向应力下抗剪强度(kPa)				黏聚力（kPa）	内摩擦角（°）
			100	200	300	400		
	对比							
	浓度 1							
	浓度 2							
	浓度 3							

8-6 试验结果与分析

根据表 8-1 的数据，可以得到不同黏结剂含量、模块粗糙度下试样抗剪强度指标间的关系，从而分析生态客土基材-岩面的剪切力学特性。

案例分析

一、接触面剪切应力-应变曲线分析

不同黏结剂含量、接触面粗糙度条件下试样接触面剪切应力-应变曲线如

图 8-5 所示。试验结果分析如下：

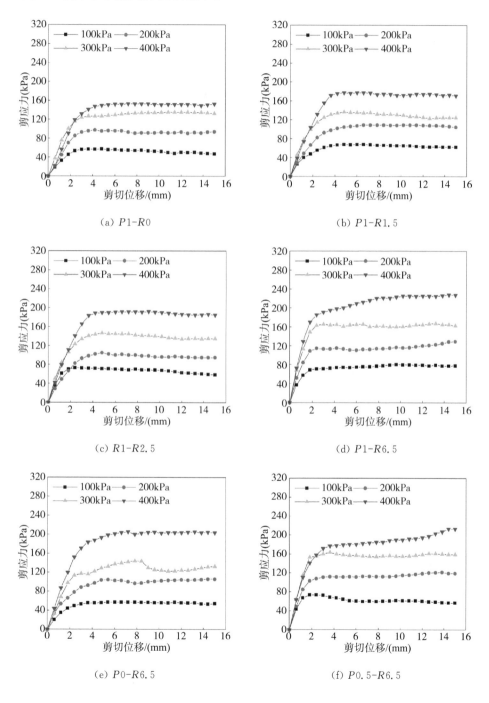

（a）$P1\text{-}R0$

（b）$P1\text{-}R1.5$

（c）$R1\text{-}R2.5$

（d）$P1\text{-}R6.5$

（e）$P0\text{-}R6.5$

（f）$P0.5\text{-}R6.5$

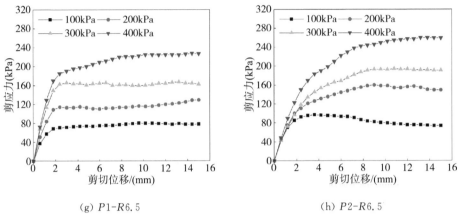

(g) $P1$-$R6.5$ (h) $P2$-$R6.5$

图 8-5   不同条件下的接触面的剪切应力-应变曲线

1. 在试验选用方案下,各法向压力对应的接触面剪切应力-应变曲线普遍表现出非软化特征;试样的峰值剪应力在不同粗糙值、不同黏结剂浓度下,均会随着法向应力的增大而提高。

2. 在相同法向压力下,粗糙度 R 越大、黏结剂浓度越高,接触面的抗剪强度峰值随之越大。这初步说明,添加黏结剂和提高接触面粗糙值均可强化接触面的剪切强度特性。

3. $P2$-$R6.5$ 组各法向应力对应的抗剪强度高于 $P1$-$R6.5$ 组与 $P2$-$R0$ 组数据。这表明黏结剂与接触面粗糙度对接触面剪切特性的强化具有协同效应。

二、接触面黏聚力分析

不同黏结剂含量、接触面粗糙度条件下试样接触面黏聚力变化特征如图 8-6 所示。试验结果分析如下:

1. 随着粗糙度 R 和黏结剂浓度的增大,接触面黏聚力持续增长,且面对不同浓度黏结剂,黏聚力关于 R 的增长关系具有趋同性。

2. 黏聚力关于 R 的增长关系表现两种区段:$R0$-$R1.5$ 的陡增段,与 $R1.5$-$R6.5$ 的缓增段;针对平坦接触面与粗糙接触面,黏聚力关于黏结剂浓度 P 的增长关系表现出两种形式。

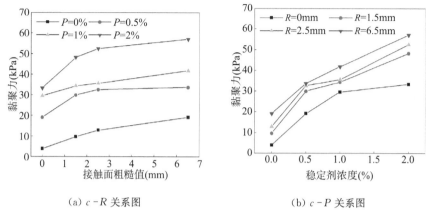

（a）c-R 关系图　　　　　　　　　（b）c-P 关系图

图 8-6　接触面粗糙值与黏结剂浓度对接触面黏聚力影响

三、接触面内摩擦角分析

不同黏结剂含量、接触面粗糙度条件下试样接触面内摩擦角变化特征如图 8-7 所示。试验结果分析如下：

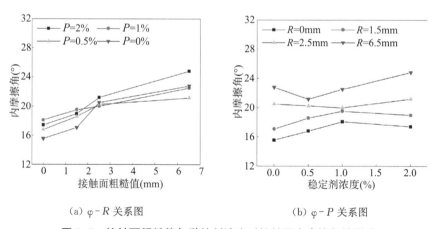

（a）φ-R 关系图　　　　　　　　　（b）φ-P 关系图

图 8-7　接触面粗糙值与黏结剂浓度对接触面内摩擦角的影响

1. 随着粗糙值 R 从 0 mm 增加至 6.5 mm，接触面内摩擦角持续增长，不同黏结剂浓度下内摩擦角关于 R 的最终增幅在 4.36°～7.38°之间，增长率为 24.52%～46.62%；

2. 不同黏结剂浓度下，接触面粗糙值 R 的增大会增加接触面的内摩擦角，但对内摩擦角增大的影响有限。

3. 接触面粗糙值一定时，$R0$-$R6.5$ 组下内摩擦角标准差分别为 0.94、0.91、0.46、1.30。数据表明黏结剂对内摩擦角造成的影响微弱。

四、细观结构分析

对改良黏土基材进行扫描电镜试验分析其细观特征。图 8-8 是不同放大倍率下改良黏土基材的 SEM 图像，从图 8-8(a)和(b)可以看出，在黏结剂与土壤接触后，一部分黏结剂聚合物渗透到土壤内部并填充大多数颗粒间的孔隙，这增强了颗粒之间的关联性。PVAc 在黏土颗粒表面形成的立体膜结构如图 8-8(c)所示。这些膜结构具有良好的疏水性和强度，可以紧密联系附近的黏土颗粒。具体细观结构特征分析如下：

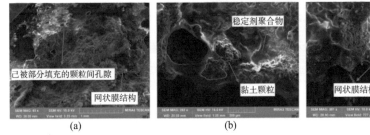

图 8-8　扫描电镜图像

1. PVAc 型黏结剂主要成分为含有大量极性羧基($-CH_3COO$)的聚醋酸乙烯酯长链大分子。PVAc 型黏结剂具有生态友好、成本低、无污染、成膜性能优良等优点。其对黏土基材的增强机理总体可概括为 PVAc 长链大分子与土壤颗粒之间的多种相互作用。长链大分子通过这些相互作用彼此相互勾连、缠绕包裹黏土颗粒、充填颗粒孔隙从而增强黏土的整体性，改善土体的力学强度特性。

2. PVAc 长链大分子对土体的强化作用具体可分为化学强化作用和物理强化作用。首先，PVAc 型黏结剂是一种具有大量亲水基团的聚合物乳液。其与黏土颗粒充分混合后，乳液中含有的大量极性羧基基团会与黏土颗粒表面双电层中的碱性金属离子(Ca^{2+}，Mg^{2+} 等)发生置换反应。极性羧基中的 H^+ 取代了黏土颗粒表面的碱金属离子。黏土颗粒表面双电子层厚度变薄，颗粒间的吸引力增加，促进了黏土颗粒之间的聚集结合。同时，黏土颗粒表面的羟基也会与 PVAc 的极性羧基之间反应生成氢键。随着 PVAc 浓度的增加,黏土颗粒之间通过氢键与延伸勾连的 PVAc 长链大分子相互关联靠近,增强土体力学特性。

3. 除化学强化作用,PVAc 型高分子稳定剂会与土体发生一系列物理强化作用。PVAc 乳液在常态下会吸附大量的阴离子,表现出负电性。稳定剂与黏土颗粒接触后,长链大分子通过静电吸引与黏土颗粒表面结合。随着稳定剂的运移扩散,黏土颗粒表面吸附的长链大分子延伸勾连逐渐充分;稳定剂中存在的大量亲水基团会减小黏土颗粒间的水合膜厚度,颗粒间斥力减小,毛细水与黏土颗粒的接触面积与表面张力显著增强,提高黏土颗粒之间的关联性。

8-7　思考题

1. 喷播生态客土基材如何实现对裸露岩坡的生态修复?
2. 如何提高生态客土基材的剪切力?
3. 结合图 8.1-1,分析如何防止客土基材脱落?

图 8.1-1

4. 请简述直接剪切试验的试验步骤及工作原理。
5. 如何测试计算得出土的抗剪强度指标:内摩擦角和黏聚力?

8-8　视频资料

8-9　参考文献

[1] 李明阳,刘瑾,梅红,等.有机复合客土基材接触面剪切力学特性试验[J].哈尔滨工业大学学报,2023,55(06):134-142.

[2] 王梓,刘瑾,马晓凡,等.聚氨酯聚合物/剑麻纤维改良砂土剪切特性研究[J].矿产勘查,2021,12(06):1455-1461.

[3] 王龙威,刘瑾,奚灵智,等.基于高分子复合材料改良砂土三轴剪切试验研究[J].水文地质工程地质,2020,47(04):149-157.

[4] 张晨阳,喻永祥,闵望,等.水溶性聚合物强化砂土剪切强度及机理研究[J].河北工程大学学报(自然科学版),2021,38(03):13-21.

[5] 奚灵智,蒋鹰冲,王龙威,等.黑麦草根系加固黏土的剪切强度性能研究[J].矿产勘查,2021,12(02):439-445.

第 9 章

地面沉降土体分层变形规律模拟试验

9-1 试验目的与意义

地面沉降是一种由土体变形引起地面高程缓慢降低的地质现象,根据现有资料显示,目前世界上发生地面沉降的国家多达 150 多个,包括日本、美国等国家。在我国,由于长期过量开采地下水而造成的地面沉降已经成为威胁我国城市化发展的主要地质灾害,这种危害在长三角地区尤为明显。

现有的地面沉降监测方法主要有 INSAR 技术、GPS 技术、水准测量、基岩标和分层标等。现有的技术可以对地面沉降进行监测,但存在着自动化程度低、价格高昂、易受周围环境影响等缺点。

本试验利用室内地面沉降模型,对不同的土体在排灌水循环中的垂向变形进行分布式监测,对其试验结果进行讨论,并结合固结试验对土体的垂向变形进行分析,为地面沉降的机理研究和防治提供一定的参考依据。

9-2 试验原理

(1) 分布式光纤监测原理

本试验以布里渊光频域分析(BOFDA)技术为例,介绍其在地面沉降监测中的应用。

布里渊光频域分析(BOFDA)技术的基本原理如图 9-1 所示。泵浦光和斯托克斯光在光纤中相向传播。其中,泵浦光的频率为 f_m,两种光的频率差为 Δf,且每一个 Δf 均有一组 f_m 与之对应。将 f_m 与初始的光信号进行对比可以获得基带传输函数 $H(jw, \Delta f)$。基带传输函数可以通过快速傅里叶变换(IFFT)得到脉冲响应函数 $h(t, \Delta f)$。脉冲响应函数与应变发生位置 x 和 Δf 间的关系如式(9-1)所示。

$$H(jw, \Delta f) \xrightarrow{IFFT} h(t, \Delta f) \xrightarrow{eq.2} h(x, \Delta f) \tag{9-1}$$

$$x = \frac{ct}{2n} \tag{9-2}$$

式中:x 为应变发生的位置;c 为光速;n 为光的折射率。x 处发生的应变 ε 与布里渊背散射光的频率漂移 Δf 呈线性关系,如式(9-3)所示。$\Delta f(\varepsilon)$ 和 $\Delta f(0)$ 间的关系如式(9-3)所示。

$$\Delta f(\varepsilon) = \Delta f(0) + \theta \tag{9-3}$$

$$\theta = \frac{\mathrm{d}\Delta f(\varepsilon)}{\mathrm{d}\varepsilon} \tag{9-4}$$

式中:$\Delta f(\varepsilon)$ 是光纤在 ε 应变作用下的布里渊频率漂移;$\Delta f(0)$ 是自由状态下光纤的布里渊频率漂移;θ 是光纤的应变系数;ε 是光纤的实际应变。θ 的值由式(9-4)确定。

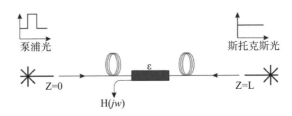

图 9-1　BOFDA 技术感测原理

(2) 固结试验原理

　　固结试验(亦称压缩试验)是研究土的压缩性的最基本的方法。固结试验就是将天然状态下的原状土或人工制备的扰动土,制备成一定规格的土样,然后将土样置于固结仪容器内,逐级施加荷载,测定试样在侧限与轴向排水条件下压缩变形时,变形和压力的关系,孔隙比和压力的关系,变形和时间的关系,以便计算土的压缩系数 a_v、压缩模量 E_s、体积压缩系数 m_v、压缩指数 C_c、回弹指数 C_s、竖向固结系数 C_v 以及原状土的先期固结压力 P_c 等。

　　如图 9-2 所示,设土样的初始高度为 H_0,初始孔隙比为 e_0,在荷载 P 作用下,土样稳定后的总压缩量为 ΔH,假设土粒体积 $V_s = 1$,(不变),根据土的孔隙比的定义 $e = V_v/V_s$,则受压前后土的孔隙体积 V_v 分别为 e_0 和 e。因为受压前后土粒体积不变,且土样横截面积不变,所有受压前后试样中土粒所占的高度不变,所以,根据荷载作用下土样压缩稳定后的总压缩量 ΔH,即可得到相应的孔隙比 e 的计算公式:

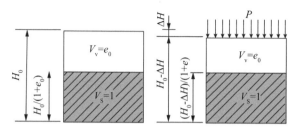

图 9-2　固结试验土样孔隙比的变化

$$e = e_0 - \frac{\Delta H}{H_0}(1 + e_0) \tag{9-5}$$

式中:$e_0 = \frac{G_s(1+w_0)}{\rho_0}\rho_w - 1$,其中 G_s 为土粒比重,w_0 为土样的初始含水量,ρ_0 为土样的初始密度,ρ_w 为水的密度。如此,根据式(9-5)各级荷载 P 下对应的孔隙比 e,可绘制出土的 e-P 曲线及 e-lgP 曲线等。

(3) e-P 曲线及有关指标

通常将由固结试验得到的 e-P 关系,采用普通直角坐标系绘制成如图 9-3 所示的 e-P 曲线。

① 压缩系数 a

从图 9-3 可以看出,由于软土的压缩性大,当发生压力变化 ΔP 时,则相应的孔隙比的变化 Δe 也大,曲线就比较陡;反之,像密实砂土的压缩性小,当发生相同压力 ΔP 变化时,相应的孔隙比的变化 Δe 就小,曲线比较平缓。因此,土的压缩性的大小可用 e-P 曲线斜率来反映。

如图 9-4 所示,设压力由 P_1 增加到 P_2,相应的孔隙比由 e_1 增加到 e_2,当压力变化范围不大时,可将该压力范围的曲线用割线来代替,并用割线的斜率来表示土在这一段压力范围的压缩性,即:

$$a = \tan\alpha = -\frac{\Delta e}{\Delta p} = \frac{e_1 - e_2}{p_2 - p_1} \tag{9-6}$$

式中:a 为土的压缩系数(Mpa^{-1}),压缩系数越大,土的压缩性愈高。

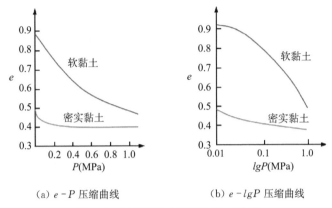

(a) e - P 压缩曲线　　　　　(b) e - lgP 压缩曲线

图 9-3　固结试验土样孔隙比的变化

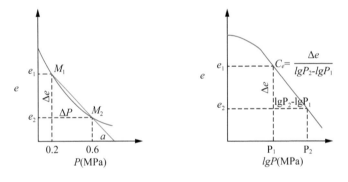

(a) 由 e - P 曲线确认的压缩系数 a　　(b) 由 e - lnP 曲线确定压缩指数 C_e

图 9-4　由压缩曲线确定压缩指标

　　从图 9-4 中还可以看出,压缩系数 a 值与土所受的荷载大小有关。为了便于比较,一般采用压力间隔 $P_1 = 100$ kPa 至 $P_2 = 200$ kPa 时对应的压缩系数 $a_{1-2}l$ 来评价土的压缩性。

　　②压缩模量 E_s

　　由 e - P 曲线,还可以得到另一个重要的压缩指标——压缩模量,用 E_s 来表示。其定义为土在完全侧限的条件下,竖向应力增量 ΔP(从 P_1 增至 P_2)与相应的应变增量 $\Delta \varepsilon$ 的比值由图 9-5 可以得到:

$$E_s = \frac{\Delta p}{\Delta \varepsilon} = \frac{\Delta p}{\Delta H / H_1} \tag{9-7}$$

式中,E_s 为压缩模量(Mpa)。在无侧向变形,即横截面积保持不变的条件下,

土样高度的变化 ΔH 可用相应的孔隙比的变化 $\Delta e = e_1 - e_2$ 来表示：

$$\frac{H_1}{1+e_1} = \frac{H_2}{1+e_2} = \frac{H_1 - \Delta H}{1+e_2} \tag{9-8}$$

得到

$$\Delta H = \frac{e_1 - e_2}{1+e_1} H_1 = \frac{\Delta e}{1+e_2} H_1 \tag{9-9}$$

将式(9-9)代入式(9-8)得：

$$E_s = \frac{\Delta p}{\Delta H / H_1} = \frac{\Delta p}{\Delta e / (1+e_1)} = \frac{1+e_1}{a} \tag{9-10}$$

同压缩系数 a 一样，压缩模量 E_s 也不是常数，而是随着压力的变化而变化。显然，在压力小的时候，压缩系数 a 大，压缩模量 E_s 小；在压力大的时候，压缩系数 a 小，压缩模量 E_s 大。在工程上，一般用压力间隔 $P_1 = 100 \text{ kPa}$ 至 $P_2 = 200 \text{ kPa}$ 时对应的压缩模量 E_{s1-2}；也可根据实际竖向应力的大小，在压缩曲线上取相应的值计算压缩模量。

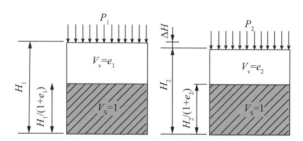

图 9-5　侧限条件下土样高度变化与孔隙比变化的关系

9-3　试验材料与仪器

(1) 分布式光纤监测

1. 试验材料：砂土、黏土、聚氨酯光纤、亚克力片、跳线。

2. 试验仪器：BOFDA 监测仪、光纤熔接器、地面沉降模拟柱、水箱及相关辅助仪器。

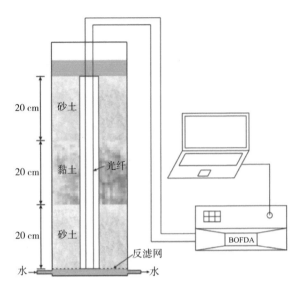

图 9-6　地面沉降模拟装置

（2）固结试验

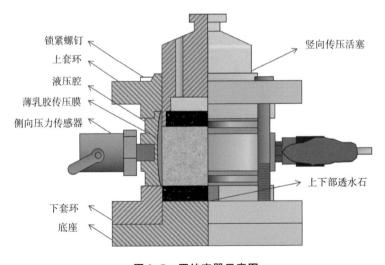

图 9-7　固结容器示意图

1. 杠杆加压式双联固结仪：包括固结容器（图 9-7）和加荷设备。

2. 百分表:量距 10 mm,精度 0.01 mm。

3. 天平:称量 200 g,感量 0.01 g。

4. 其他:秒表、环刀、切土刀、钢丝锯、烘干箱、铝盒、滤纸、圆玻璃片、凡士林等。

9-4　试验步骤

(1) 分布式光纤监测

1. 光纤布设阶段。为保证光纤良好的敏感度,需要施加一定的预应力,保证光纤在整个测试当中时刻处于一种紧绷状态。由于光纤直径较小,在土体含水率较高的状态下,容易发生滑移,从而影响试验的测量精度。为了提高光纤和土体之间的变形的耦合性,光纤上每隔 10 cm 垂直于光纤穿一个亚克力圆形稳定片,从而提高光纤表面粗糙度。

2. 土体填充阶段。如图 9-6 所示,根据模型的设计填充土体。在填土过程中,每 5 cm 的土均需进行击实。填土完成之后,将模型静置 48 h,使土体在自重应力作用下与光纤充分耦合。

3. 排水试验阶段。在试验之前,需要对光纤检测仪器进行调试。完成调试后,将水从注水口缓慢地灌入模型中,直至水面高于土体表面 10 cm 为止。将模型静置 24 h。在试验过程中,将水从排水口排出,用以模拟地下水抽取,并利用分布式光纤对整个过程进行监测,直至应变稳定。

4. 灌水试验阶段。在试验过程中,将水从注水口缓慢地灌入模型中,直至水面高于土体表面 10 cm 停止灌水。从灌水时刻开始进行应变监测,直至应变基本稳定。

5. 对采集到的试验数据进行处理与分析。

(2) 固结试验

1. 根据工程需要,选择面积为 30 cm² 或 50 cm² 的环刀,制备给定密度与含水量的扰动土样。

2. 测定试样的密度并在余土中取代表性土样测定其含水量。

3. 在固结容器内依次放置透水石、护环、薄滤纸,将带有试样的环刀(刀口向下),小心装入护环内,然后在环刀上放置导环,在试样上放薄滤纸、透水石和加压盖板以及定向钢珠。

4. 将装有土样的固结容器置于加压框架下,对准加压框架的正中,调节杠杆的平衡,安装竖向变形量表,量表的位置应和定向钢珠上下对齐。

5. 施加 1 kPa 的预压压力,使试样与仪器上下各部分之间接触良好,然后调整量表,使指针读数为零。

6. 加压等级一般为 12.5 kPa、25 kPa、50 kPa、100 kPa、200 kPa、400 kPa、800 kPa、1 600 kPa、3 200 kPa。

7. 进行回弹试验时,回弹荷重可由超过自重应力或超过先期固结压力的下一级荷重依次卸压至 25 kPa,然后再依次加荷,一直加到最后一级荷重为止。卸压后的回弹稳定与加压相同,即每次卸压后 24 h 测定试样的回弹量。但对于再加荷时间,因考虑到固结已完成,稳定较快,因此可采用 12 h 或更短的时间。

8. 读数时间为 6 s,15 s,1 min,2.25 min,4 min,6.25 min,9 min,12.25 min,16 min,20.25 min,25 min,30.25 min,36 min,42.25 min,49 min,64 min,100 min,200 min,400 min,23 h,24 h,直至稳定为止。当测定时,需具备水平向固结的径向多孔环,环的内壁与土样之间应贴有滤纸。

10. 试验结束后,应先排除固结容器内的水,迅速拆除仪器部件,取出带环刀的试样。取出试样,测定试验后的密度和含水量。

9-5 试验数据记录

(1) 分布式光纤监测

表 9-1 分布式光纤监测试验记录表

土体性质	填土高度(cm)	饱和稳定时间(h)	排水静置时间(h)	文件名
砂土				1
砂土				2

土体性质	填土高度(cm)	饱和稳定时间(h)	排水静置时间(h)	文件名
砂土				3

（2）固结压缩试验

表 9-2　孔隙比及饱和度计算

试样情况	试验前	试验后
含水量(%)		
密度(g/cm^3)		
孔隙比		
饱和度(%)		

表 9-3　孔隙比及饱和度计算

试样情况	试验前	试验后
含水量(%)		
密度(g/cm^3)		
孔隙比		
饱和度(%)		

表 9-4　试验结果

密度(g/cm^3) 读数 压力(kPa)	密度 1	密度 2	密度 3
0			
25			
…			
200			
总变形量(mm)			
仪器变形量(mm)			
试样总变形量(mm)			

9-6　试验结果与分析案例

根据表 9-1、表 9-2、表 9-3 和表 9-4 的数据，可以探测不同充水高度、充水完成和排水结束情况下，可以得到不同位置的变形和应变变化特征，从而分析地面沉降模型的垂直变形规律。

案例分析

一、土体变形量分析

如图 9-8 所示，根据监测的试验数据，记录充水 40 cm、充水 60 cm、充水完成、排水完成四种情况下，不同位置的应变片所感测到的变形数据。试验结果分析如下：

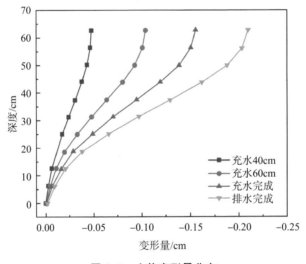

图 9-8　土体变形量分布

1. 随着充水高度（充水量）的增加，同一位置的应变片所产生的变形量增加。

2. 随着应变片位置的升高（越远离地面），在同一种充水或者排水情况下，所产生的变形量增加。

3. 不同情况下,不同位置的应变片变形情况曲线随着应变片深度的增加均呈现出先陡增,中间平缓,后又陡增,斜率逐渐趋于无穷大,接近竖直的情况。

二、土体应变量分析

如图 9-9 所示,记录充水 40 cm、充水 60 cm、充水完成、排水完成四种情况下,土体沉降模型不同位置的应变片所感测到的土体应变数据。试验结果分析如下:

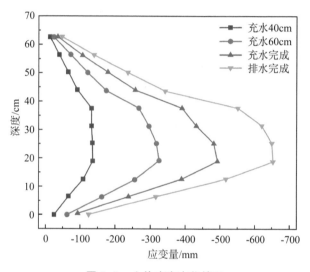

图 9-9　土体应变变化情况

1. 随着充水高度(充水量)的增加,同一位置的应变片所产生的应变增加。

2. 不同情况下,不同位置的应变片变形情况曲线随着应变高度的增加均呈现出斜率先增加,在深度 20 cm 左右时,斜率增大到最大值,曲线接近竖直,中间部分曲线斜率变化小,在深度 40 cm 左右时,斜率开始明显减小的情况,斜率的绝对值总体偏大。

3. 结合图 9-8 的分析结果可知,该模型的底部(深度为 0 cm)变形量小,即几乎不发生改变,随着应变片高度的上升,原始长度增加,但原始长度的增加量小于变形的增加量,故应变急剧增加;位置在 20 cm 左右,此时由于原始长度的增加量和变形的增加量在一定范围内几乎维持稳定状态,故应变曲线稳定;位置在 40 cm 后时,原始长度的增加量明显大于变形的增加量,故曲线斜率逐渐减小。

9-7　思考题

1. 请阐述地面沉降产生的原因,并结合图 9.1-1 分析如何有效降低地面沉降的危害。

图 9.1-1　地面沉降

2. 影响土体产生地面沉降地质灾害的主要因素有哪些?
3. 通过地面沉降的成因,地面沉降可以分成哪些类型?
4. 结合模拟试验,试分析如何有效防治土体产生地面沉降?
5. 我们国家哪些地区地面沉降现象较为严重? 请查阅近期我国发生的较大地面沉降地质灾害,并分析产生的原因。

9-8　视频资料

9-9　参考文献

[1] 卢毅,宋泽卓,刘瑾,等.基于 DFOS 的通州湾地区地面沉降监测与变形分析[J].河海大学学报(自然科学版),2023,51(02):81-88.

[2] 刘瑾,李军,陈元明.地面沉降对太原市城市建设的影响及防治对策[J].兰州大学学报(自然科学版),2015,51(06):786-789.

[3] 卢毅,施斌,于军,等.地面变形分布式光纤监测模型试验研究[J].工程地质学报,2015,23(05):896-901.

第 10 章

采空地面塌陷土体
变形特征模拟试验

10-1　试验目的与意义

地面沉降是一种由土体变形引起地面高程缓慢降低的地质现象,根据现有资料显示,目前世界上发生地面沉降的国家多达 150 多个,包括日本、美国等国家。在我国,由于长期过量开采地下水而造成的地面沉降已经成为威胁我国城市化发展的主要地质灾害,这种危害在长三角地区尤为明显。

现有的地面沉降监测方法主要有 INSAR 技术、GPS 技术、水准测量、基岩标和分层标等。现有的技术可以对地面沉降进行监测,但存在着自动化程度低、价格高昂、易受周围环境影响等缺点。

本试验利用室内采空地面塌陷模型,对不同的土体在排灌水循环中的垂向变形进行分布式监测,对其试验结果进行讨论,并结合固结试验对土体的垂向变形进行分析,为地面沉降的机理研究和防治提供一定的参考依据。

10-2　试验原理

本试验以布里渊光频域分析(BOFDA)技术为例,介绍其在采空地面塌陷监测中的应用。

布里渊光频域分析(BOFDA)技术的基本原理如图 10-1 所示。泵浦光和斯托克斯光在光纤中相向传播。其中,泵浦光的频率为 f_m,两种光的频率差为 Δf,且每一个 Δf 均有一组 f_m 与之对应。将 f_m 与初始的光信号进行对比可以获得基带传输函数 $H(jw,\Delta f)$。基带传输函数可以通过快速傅里叶变换(IFFT)得到脉冲响应函数 $h(t,\Delta f)$。脉冲响应函数与应变发生位置 x 和 Δf 间的关系如式(10-2)所示。

$$H(jw,\Delta f) \xrightarrow{IFFT} h(t,\Delta f) \xrightarrow{eq.2} h(x,\Delta f) \tag{10-1}$$

$$x=\frac{ct}{2n} \tag{10-2}$$

式中,x 为应变发生的位置;c 为光速;n 为光的折射率。x 处发生的应变 ε 与布里渊背散射光的频率漂移 Δf 呈线性关系,线性关系如式(10-3)所示。

$$\Delta f(\varepsilon) = \Delta(0) + \theta \qquad (10\text{-}3)$$

$$\theta = \frac{\mathrm{d}\Delta f(\varepsilon)}{\mathrm{d}\varepsilon} \qquad (10\text{-}4)$$

式中,$\Delta f(\varepsilon)$ 是光纤在 ε 应变作用下的布里渊频率漂移;$\Delta f(0)$ 是自由状态下光纤的布里渊频率漂移;θ 是光纤的应变系数;ε 是光纤的实际应变。θ 的值由式(10-4)确定。

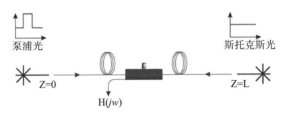

图 10-1　BOFDA 技术感测原理

10-3　试验材料与仪器

1. 试验材料:砂土、黏土、聚氨酯光纤、亚克力片、跳线。

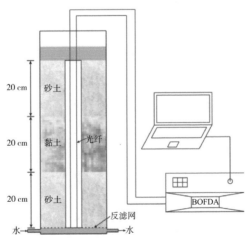

图 10-2　地面沉降模拟装置

2. 试验仪器:BOFDA 监测仪、光纤熔接器、采空地面塌陷模拟箱及相关辅助仪器。

10-4　试验步骤

1. 光纤布设阶段。为保证光纤良好的敏感度,需要施加一定的预应力,保证光纤在整个测试当中时刻处于一种紧绷状态。由于光纤直径较小,在土体含水率较高的状态下,容易发生滑移,从而影响试验的测量精度。为了提高光纤和土体之间的变形的耦合性,光纤上每隔 10 cm 垂直于光纤穿一个亚克力圆形稳定片,从而提高光纤表面粗糙度。

2. 土体填充阶段。根据模型的设计填充土体。在填土过程中,每 5 cm 的土均需进行击实。填土完成之后,将模型静置 48 h,使土体在自重应力作用下与光纤充分耦合。

3. 排水试验阶段。在试验之前,需要对光纤检测仪器进行调试。完成调试后,将水从注水口缓慢地灌入模型中,直至水面高于土体表面 10 cm 为止。将模型静置 24 个小时。在试验过程中,将水从排水口排出用以模拟地下水抽取,并利用分布式光纤对整个过程进行监测,直至应变稳定。

4. 灌水试验阶段。在试验过程中,将水从注水口缓慢地灌入模型中,直至水面高于土体表面 10 cm 停止灌水。从灌水时刻开始进行应变监测,直至应变基本稳定。

5. 对采集到的试验数据进行处理与分析。

10-5　试验数据记录

(1) 分布式光纤监测

表 10-1　分布式光纤监测采空地面塌陷土体变形特征数据记录表

土体性质	填土高度 (cm)	饱和稳定时间 (h)	排水静置时间 (h)	文件名
砂土				1
砂土				2
砂土				3

10-6　试验结果与分析

根据表 10-1 的数据,可以探测不同充水高度、充水完成和排水结束情况下,得到不同位置的变形和应变变化特征,从而分析地面沉降模型的垂直变形规律。

案例分析

一、土体变形量分析

如图 10-3 所示,根据监测的试验数据,记录充水 40 cm、充水 60 cm、充水完成、排水完成四种情况下,不同位置的应变片所感测到的变形数据。试验结果分析如下:

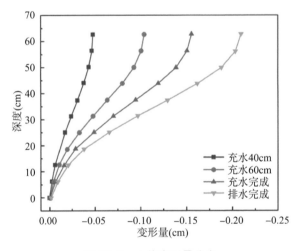

图 10-3　土体变形量分布

1. 随着充水高度(充水量)的增加,同一位置的应变片所产生的变形量增加。

2. 随着应变片位置的升高(越远离地面),在同一种充水或者排水情况下,所产生的变形量增加。

3. 不同情况下,不同位置的应变片变形情况曲线随着应变片深度的增加均呈现出先陡增,中间平缓,后又陡增,斜率逐渐趋于无穷大,接近竖直的情况。

二、土体应变量分析

如图 10-4 所示,记录充水 40 cm、充水 60 cm、充水完成、排水完成四种情况下,土体沉降模型不同位置的应变片所感测到的土体应变数据。试验结果分析如下:

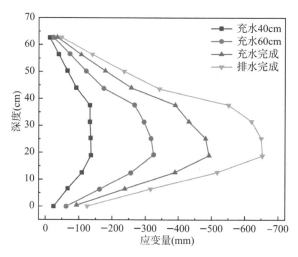

图 10-4　土体应变变化情况

1. 随着充水高度(充水量)的增加,同一位置的应变片所产生的应变增加。

2. 不同情况下,不同位置的应变片变形情况曲线随着应变高度的增加均呈现出斜率先增加,在深度为 20 cm 左右时,斜率增大到最大值,曲线接近竖直,中间部分曲线斜率变化小,在深度为 40 cm 左右时,斜率开始明显减小的情况,斜率的绝对值总体偏大。

3. 结合图 10-4 的分析结果可知,该模型的底部(深度为 0 cm)变形量小,即几乎不发生改变,随着应变片高度的上升,原始长度增加,但原始长度的增加量小于变形的增加量,故应变急剧增加;位置在 20 cm 左右时,此时由于原始长度的增加量和变形的增加量在一定范围内几乎维持稳定,故应变曲线稳定;位置在 40 cm 后时,原始长度的增加量明显大于变形的增加量,故曲线斜率逐渐减小。

10-7 思考题

1. 引起地面沉降的原因有哪些？
2. 现有的地面沉降监测方法及其各自的优缺点是什么？
3. 简述布里渊光频域分析（BOFDA）技术的基本原理。
4. 结合图 10.1-1 思考光纤布设过程中需要考虑哪些因素？

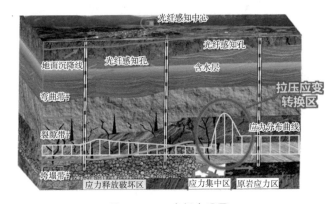

图 10.1-1　光纤布设图

5. 分析不同充水位置、充水完成及排水完成时应变情况对应的土体变形特征。

10-8 视频资料

10-9　参考文献

[1] 卢毅,宋泽卓,于军,等.基于 BOFDA 的砂-黏土互层垂向变形物理模型试验研究[J].高校地质学报,2019,25(04):481-486.

[2] 卢毅,宋泽卓,刘瑾,等.基于 DFOS 的通州湾地区地面沉降监测与变形分析[J].河海大学学报(自然科学版),2023,51(02):81-88.

[3] 卢毅,施斌,于军,等.地面变形分布式光纤监测模型试验研究[J].工程地质学报,2015,23(05):896-901.

[4] Jin L,Yong W,Yi L,et al. Application of distributed optical fiber sensing technique in monitoring the ground deformation. Sensors,2017,2017:1-11.

[5] Liu J,Song Z,Lu Y,et al. Monitoring of vertical deformation response to water draining-recharging conditions using BOFDA-based distributed optical fiber sensors. Environmental Earth Sciences. 2019,78(14):1-11.